Susanne Wondollek

Tierische Geschichten aus Hannover

Wartberg Verlag

Danksagung

Meine Geschichten konnten nur entstehen und Gestalt annehmen durch die Menschen, mit denen ich über „ihre" Tiere im Gespräch und Austausch war. Für die Zeit, die sie mir schenkten, für die Bereitschaft, mich an ihrem Fachwissen, ihren Einschätzungen und Erlebnissen teilhaben zu lassen, für zur Verfügung gestellte Fotos und freundliche, konstruktive Rückmeldungen danke ich herzlich:

Angelika Bergmann und Amelie vom Stadtteilbauernhof Sahlkamp, Familie Baumgarte aus Linderte, Tomke Budz, mit seinem Freund Kevin Hou, Sieger des Regionalwettbewerbs von „Jugend forscht" und seiner Mutter Linda Budz, Anke Forentheil, Retterin von Detlev und Dieter, aus dem Leitungsteam des Tierheims Hannover und Melanie Rösner (ebenfalls Tierheim) für das Cover und sonstige Fotos, Doris Peterek und Ute Possekel, Van Anh Dau, Pelikan Vertriebsgesellschaft mbH & Co.KG Hannover, Yasmin Emmel von der Bahlsen Group GmbH & Co. KG, Heiko Engel, Tobias Neumann und Silke Staade vom TierheimTV, Thorsten Giese vom Forstrevier Süd (Fachbereich Umwelt und Stadtgrün), Henry Hackerott, Organisator des Maikäfertreffens in Hannover, Karola Herrmann vom NABU-HVV Hannover, Initiatorin des Insektenbündnisses, Martina Koch, regelmäßige Besucherin des Tiergartens und beste Freundin von Wildschwein Pia, Egon Krüsmann, vormaliger Diensthundeführer, Ausbilder und „Chef" von Amor, Miriam Meier-Schellersheim, Studentin der Tiermedizin und „Mit"retterin von Snoopy, Gabriela Müller, Vorstandsmitglied der Hundehilfe Bakony, Heinz Pyka, Jagdpächter der Leinemasch, Vorsitzender des Anglervereins und Vizepräsident des Anglerverbandes Niedersachsen, Kathrin Paulsen, Tierpflegerin und Drillexpertin, sowie Pressereferentin Yvonne Riedel vom Erlebniszoo Hannover, Prof. Dr. Bernd Schierwater, Ziehvater des Trichoplax, und Kristin Fenske von der TiHo Hannover, Aiko Sukdolak, Fotograf und Kamerafallenexperte, Uwe Vahldieck, Schwalbenexperte vom BUND Kreisgruppe Region Hannover, Astrid Vokkert und der Klasse 4c von der Grundschule Am Welfenplatz und nicht zuletzt meinem Mann Bernd Wondollek für kreative Ideen und die Bereitschaft, auch den zum fünften Mal überarbeiteten Satz gegenzulesen sowie meiner Lektorin Frau Dr. Zöttlein vom Wartberg Verlag, die meine Geschichten Buch werden ließ und mich mit freundlich-konstruktiven Rückmeldungen durchgehend in Schreiblaune gehalten hat.

Zitiernachweis

S. 9: Zitat aus: Hermann Löns, Der Schwarzspecht. In: 40 Tiernovellen aus Wald und Flur, Leipzig 1940

S. 9 – 11: Zitate aus: Hermann Löns, „Ein ekliges Tier", S. 25–28., in: Karl-Heinz Beckmann, „Hermann Löns –
Ein westfälischer Malakologe", Wiesbaden 1988

S. 30–31: Zitate aus: Hermann Löns, „Der Maikäfer" in: ders., „Der zweckmäßige Meyer", Hannover Sponholtz 1911

S. 56–58: Alle Zitate aus: Horst Moch, „Straßenbahnen in Hannover", Nordhorn 2004, S. 4–10

Bildnachweis

Cover, Foto oben: Melanie Rösner (Tierheim Hannover)

Melanie Rösner (Tierheim Hannover): S. 4; Anke Forentheil (Tierheim Hannover): S. 5–6; Wiki commons-LoKiLeCh: S. 7; Wikicommons-Hajotthu (Uploader): S. 8; Wikicommons-Vera Buhl: S. 10; Wikicommons-Daryona: S. 12; Wikicommons-Alf van Beem: S. 13 o.; Ullsteinbild-imageBROKER/Thomas Robbin: S. 13u; Wappen der Familie Wagner als Marke auf den Großen Honigfarben vor 1873 (© Pelikan GmbH): S. 14 o. li.; Markeneintragung von 1878 (© Pelikan GmbH): S. 14 o.re.; Markenlogo O. H. W. Hadank 1937 (© Pelikan Vertriebsgesellschaft mbH & Co. KG): S. 14 mi.; Alois Hans Schramm, Plakatentwurf (© Pelikan GmbH): S. 14 u.; Martina Koch: S. 15–20; Schierwater Lab (TiHo Hannover): S. 21; Deutsches Zentrum für Luft- und Raumfahrt e. V. (DLR): S. 22; Wikicommons-Patrick-Emil Zörner (Paddy): S. 23; Wikicommons-August Bies: S. 24 o.; Anja Kallus: S. 24 u.; Egon Krüsmann: S. 26, 27; Bahlsen GmbH & Co. KG: S. 28, 29; Wikicommons-Kerstin Schmid: S. 30; Henry Hackerott: S. 31; CARLSEN Verlag GmbH, © Iris Klöpper: S. 33; Bernd Wondollek: S. 34 o.; Tierhilfe Hoffnung e. V.: S. 34 mi.u.; Erlebnis-Zoo Hannover: S. 35–37; Linda Budz: S. 41, 42; Wikicommons-Geoprofi Lars: S. 43; Creative Commons-Martina Lion alias Martina Löwe: S. 44; Heinz Pyka (Jagdpächter Leinemasch): S. 45, 46; Miriam Meier-Schellersheim: S. 47–50; Aiko Sukdolak: S. 52–55; Wikicommons-Georg Kugelmann (Verlag), Scan vom Originalbild: Jürgen Hameister: S. 56; Wikicommons-Farbfotolithographie eines Bildes der Georgstraße mit Opernhaus in Hannover, Reproduktionsnummer: LC-DIG-ppmsca-00455 von Library of Congress, Prints and Photographs Division, Photochrom Prints Collection: S. 57; Familie Baumgarten aus Linderte: S. 59, 60; Angelika Bergmann, Stadtteilbauernhof: S. 63; Astrid Vokkert: S. 64–66; Wikicommons-Schurdl: S. 67; Creative Commons-Luis Fernández García, Parque Ana Tutor, Madrid: S. 69 o.; Wikicommons-lily 15: S.69 u.; Wikicommons-Herzog Anton Ulrich Museum Braunschweig: Bildnis von Gottfried Wilhelm Leibniz. Gemälde von Christoph Bernhard Francke: S. 70; Tobias Neumann: S. 71, 72; Susanne Wondollek: S. 73; Diplom-Ingenieur Uwe Valldieck: S. 74–76; Kirsten Wedlich: S. 77; Karola Herrmann: S. 78

Layout und Satz: Christiane Zay, Passau
Druck: Druck- und Verlagshaus Thiele & Schwarz GmbH, Kassel
Buchbinderische Verarbeitung: Buchbinderei S. R. Büge, Celle
© Wartberg-Verlag GmbH
34281 Gudensberg-Gleichen, Im Wiesental 1
Telefon: 0 56 03 -9 30 50
www.wartberg-verlag.de
ISBN 978-8313-3404-9

Inhalt

Echte Hausschweine

Keiner wusste, woher sie kamen, keiner schien sie zu vermissen, sie waren plötzlich da. Fünf herrenlose halbwüchsige Hausschweine irrten Silvester 2016 orientierungslos in und um Lindwedel durch Wald und Feld und über die L190. Wahrscheinlich waren sie aus Angst vor der Knallerei irgendwo ausgebüxt. Vergeblich versuchten Polizei, Veterinäramt und Jäger sie einzufangen. Aus Sorge, sie könnten Unfälle verursachen, sollten die Tiere erschossen werden. Doch die Jäger erwischten nur drei von ihnen. Zwei verschwanden im Wald, fanden offenbar ein gutes Versteck und wurden von besorgten Anwohnern tagelang mit weich gekochtem Gemüse und Kartoffeln versorgt. Suchtrupps machten sich mehrfach auf den Weg, um die Schweine einzufangen. Man versuchte die genügsamen Allesfresser mit Futter anzulocken und konnte sie sichten, doch es gelang nicht, sich ihnen zu nähern.

Anke Forentheil, stellvertretende Leiterin des Tierheims Langenhagen-Krähenwinkel, ließ das Schicksal der beiden Schweine keine Ruhe. Das Thermometer

Zwei glückliche Schweine im Tierheim Hannover: Detlev und Dieter.

Detlev genießt den Winter.

zeigte -7 Grad und es wurde immer kälter. Ihr war klar, dass die Schweine bei diesen Temperaturen keine Chance hatten, im Wald zu überleben. Noch in der ersten Januarwoche machte sie sich gemeinsam mit zwei Kolleginnen auf den Weg zu dem Schweineversteck. Eines lockte sie mit Obst auf Armlänge an sich heran, das andere, sehr ängstliche, wurde vom herbeigerufenen Tierarzt narkotisiert. Beide konnten, völlig erschöpft und unterkühlt, ins Tierheim überführt werden. Die Schweine zitterten und hatten eine ganz rote Haut. „Hätten wir sie nicht gefunden, wären sie in einer der kommenden Nächte erfroren", ist sich Anke Forentheil sicher. Als sie und ihre Kolleginnen am späten Abend mit den Schweinen im Tierheim ankamen, standen die Kollegen Spalier. Um sie zu empfangen, hatten alle auf ihren pünktlichen Feierabend verzichtet. Die Schlafstätte für „Detlev" und „Dieter", wie die beiden getauft wurden, war schon liebevoll mit Stroh und wärmender Rotlichtwärmelampe vorbereitet, Kartoffeln für ihr erstes Mahl waren gekocht.

Woher die beiden kamen, konnte nie ermittelt werden. Obwohl gesetzlich vorgeschrieben, trugen sie keine Ohrmarken. Seinerzeit dachte Anke Forentheil daran, sie vermitteln zu können. Diesen Gedanken hat sie mittlerweile aufgegeben. „Die Vermittlung war an die Bedingung geknüpft, dass der Halter etwas von Schweinen versteht, sie artgerecht unterbringt und sie nicht schlachtet. Das und ihre Größe hat wohl einige abgeschreckt."

Besser als im Tierheim könnte es den beiden sowieso nicht gehen. Detlev und Dieter verstehen sich blendend, haben einen wunderschönen Auslauf, fürsorgliche Paten, ein Bad zum Suhlen und immer genug zu fressen. Und manchmal, so ihre Retterin Anke Forentheil, seien sie auch richtig frech.

Mittlerweile sind sie seit sechs Jahren im Tierheim und keiner der Kollegen möchte sie missen.

Dieter und Detlev sind etwas Besonderes und das nicht nur, weil es in ganz Niedersachsen kein Tierheim gibt, das Hausschweine beherbergt. „Sie gehören dazu und sind unsere Maskottchen geworden." Und ganz bestimmt zählen sie zu den glücklichsten Schweinen der Welt.

Vom „ekligen Tier" zum Nobelpreisbringer

Haben Sie schon mal von Malakologen und Mollusken gehört? Nein? Dann gehören Sie zur überwältigenden Mehrheit der Bevölkerung, die als Kandidat bei Günter Jauch raten oder einen Joker einsetzen müsste, um diese Frage zu beantworten. Malakologen oder Malakozoologen beschäftigen sich mit Weichtieren, auch „Mollusken" genannt, weshalb die Malakologen auch als „Molluskenforscher" bezeichnet werden. Einer von ihnen ist in Hannover bekannt. Er ist Namensgeber einer Grundschule in Langenhagen, zweier Straßen in Laatzen und Ronnenberg, der im Süden Hannovers um die Anna-Teiche gelegenen Parklandschaft zwischen Eilenriede und Kirchrode und vielem mehr: Hermann Löns (1866–1914).

Schnecke auf der Suche nach Nahrung.

Hermann Löns am Wietzer Berg.

Die meisten verbinden mit seinem Namen verniedlichende Tiererzählungen, in denen „Krähen unter dem hohen Himmel quarren, Kreuzschnäbler fröhlich lockend dahin ziehen und die Elster in der Pappel lacht". Auch Naturfreunde, Jäger, Umweltschützer und Heimatverbundene finden in seinen Werken Bezüge zu dem, was ihnen wichtig ist. Was nicht so bekannt ist: Hermann Löns war auch Journalist und Naturwissenschaftler. Er schrieb für den „Hannoverschen Anzeiger" und die „Hannoversche Allgemeine Zeitung", deren Namen er als einer der damaligen Herausgeber prägte. Die „HAZ", wie sie heute noch heißt, wurde Jahre später mitsamt den Rechten am Titel von August Madsack aufgekauft und rundum erneuert. Neben Extraseiten für Frauen, Kinder, juristischen Ratschlägen sowie einem Fortsetzungsroman gab es damals die Beilage namens „Der lustige Hannoveraner". Einer der Autoren: Hermann Löns. In der 4. Ausgabe vom 4. Juni 1911 nimmt er seine Leser mit auf eine Erinnerungsreise zu seinen ersten naturwissenschaftlichen Studien an einer Tierart, die wohl fast allen Gartenbesitzern verhasst ist – den Schnecken.

Sie seien „gräßliche Tiere; sonst aber (....) reizend", und er fühlt sich ihnen zu großem Dank verpflichtet: „Sie haben mir zwei Jahre schweren Kummers erspart, zwei verregnete Sommer, in denen es wenig Käfer und gar keine Schmetterlinge gab, und da ich nicht Skat spiele, wäre ich übel daran gewesen, hätte es keine Nacktschnecken gegeben, denn in Ermangelung von etwas Besserem warf ich mich sozusagen auf sie, wurde ein bedeutender Malakozoologe, machte mehrere hübsche Entdeckungen und bin diesen guten Tieren deshalb auf Lebenszeit sehr verpflichtet."

Entdeckungen machte Löns wahrlich viele. Und dass Gastropoden, also Bauchfüßer bzw. Schnecken nur mangels besserer Alternative zu seinen Untersuchungsobjekten geworden sind, mag man angesichts der Fülle von Abhandlungen, wissenschaftlichen Betrachtungen und Artikeln, die er über sie verfasst hat, nicht recht glauben. Sämtliche Schnecken, auf die er während seiner Natur- und Spaziergänge im Münsterland stieß, versah er mit Namen, darunter so überaus klangvolle wie „Lehmanina arborum Bouchard-Chantereaux" und „Vertilla pusilla M". Die jeweils entdeckten Weichtiere hielt er in listenartigen Bestandsaufnahmen fest, vermerkte ihren jeweiligen Fundort und versah sie mit Kommentaren wie „häufig", „gemein und massenhaft" und „neu!". Letzteres mit Ausrufezeichen! Sein erster Artikel „Zur Kenntnis der Schnecken im Münsterland" wird bis heute genutzt, um Vorkommen und Verbreitung der Schnecken zu kartieren. Deren Vielfalt in der Farbgebung wie auch ihre Anpassungsfähigkeit beeindruckten ihn: „Hier, wo wir Sandboden haben, ist es schwarz; dort weiterhin im Lehmlande wird es immer brauner, und dahinter endlich in den Bergen auf dem strengen Kalke prangt es im allerblinkesten Feuerrot. Noch bunter benimmt es sich in der Jugend, da gibt es einfarbige, halb gestreifte, rote, gelbe, braune, grünliche,

Ein wirklich hübsches Paar.

aschgraue, eselsgraue und so weiter". Um der Ursache ihres unterschiedlichen Aussehens auf den Grund zu gehen, züchtete Löns Schnecken bis „an jenem Tage des Grauens, da nicht nur meine Zuchtkammer, nicht nur mein Arbeitszimmer, nicht nur meine ganze elterliche Wohnung, sondern überhaupt das ganze Haus von jungen Arions wimmelte".

Darüber hinaus beschäftigte ihn, wie die Schnecke in der Nahrungskette eingebunden war. Dazu verfütterte er sie an verschiedene Tiere. Dabei stieß er „allseitig auf ablehnende Haltung. Sowohl der Bus-

sard, wie die Krähe, der Storch wie der Marabu, ja sogar das Wildschwein lehnten die Wegschnecken (...) höflich, aber bestimmt ab, und als der Strauß, happig, wie er nun einmal ist, eine überschluckte, flog sie im hohen Bogen wieder aus ihm heraus, und der biedere Vogel benahm sich höchst entrüstet und traute mir seitdem nicht mehr über den Weg".

Löns entschloss sich zum Selbstversuch. Er strich mit dem Zeigefinger über eine Schnecke und probiert ihren Schleim. „Der Erfolg war glänzend", lautete sein sarkastisches Fazit: „Erstens gebärdete ich mich wie ein Strauß, zweitens musste ich einen Kognak trinken, und als das auch nichts half, einen Bitteren und dann noch einen, drittens verlor ich für drei Tage den Appetit und viertens die Zuneigung eines jungen Mädchens, dem ich in meiner unglaublichen Torheit von meinem Versuche Mitteilung machte."

Trotz dieses Misserlebnisses empfahl Löns seinen Lesern Schnecken als „ein ausgezeichnetes Hustenmittel, indem man sie mit Zucker bestreut und den auf diese einfache Art gewonnenen Sirup Kranken einflöst, worauf diese aus Angst, noch mehr davon ausstehen zu müssen, sich sofort das Husten verkneifen".

Vieles konnte Löns zu seiner Zeit noch nicht wissen. So z. B., dass von den weltweit geschätzt knapp 100.000 Schneckenarten nur einzelne die horrenden Schäden in unseren Gärten anrichten, allen voran die „Ackerschnecke" und die „Spanische Wegschnecke". Letztere verbreitete sich im nördlichen Europa erst in den 1960er-Jahren, dann aber alles andere als im Schneckentempo mit jährlich bis zu 400 Eiern und 640.000 möglichen Nachkommen. Und ebenfalls konnte er

nicht wissen, dass eine Schnecke mithilfe ihres Schleims unversehrt über scharfe Messerklingen rutschen kann. Oder dass sie mit ihren rund 10.000 Zähnchen auf der Zunge, der Radula, ihre Nahrung abraspelt. Mit feinsten an ihren Fühlern befindlichen Geruchsorganen vermag sie bis zu 100 m entfernte, lohnende Zielgebiete aufzuspüren. Und voraussehbar war für ihn auch nicht, dass sie dem Amerikaner Kandel im Jahr 2000 zum Medizin-Nobelpreis verhelfen würde. Untersuchungen am Nervensystem der Meeresschnecke halfen dem Neurobiologen zu entschlüsseln, welche biochemischen Prozesse beim Erinnern und Lernen im Kurz- wie im Langzeitgedächtnis ablaufen. Damit schaffte er die Voraussetzung, die Medikation von z. B. Demenzerkrankten zu verbessern.

Die Schnecke gewinne bei näherer Betrachtung doch sehr, stellt Hermann Löns am Ende seiner Erinnerungen fest.

Sie sei „ein guter Wetterverkünder; denn wenn der Himmel auch noch so heiter ist und schon morgens aus allen Erdlöchern die Schnecken angekrochen kommen, dann kann man Getrost darauf rechnen, daß es bald regnen wird, und das ist manchmal viel wert. Also hat es auch in dieser Hinsicht einen Zweck, das ‚eklige Tier'".

Nicht nur in dieser. Doch ansonsten hat Hermann Löns vollkommen recht.

Ein Wasservogel auf Weltreise

Wer denkt bei dem Vogelnamen nicht zugleich an Füller, Tinte und Patronen? Nahezu jedes Schulkind besitzt mindestens ein Schreib- oder Zeichenutensil der Firma „Pelikan", sei es ein Patronenfüller, ein „Tintenkiller" oder ein Deckfarbkasten. Der Chemiker und vormalige Werksleiter Günther Wagner, der die Farben- und Tintenfabrik gleichen Namens 1871 von Carl Hornemann übernahm, sorgte gemeinsam mit seinem Schwiegersohn für ihren Fortbestand und ihre Expansion. Seine Idee, das Wappen der Familie zum Erkennungszeichen der Firma umzugestalten, kann als wegbereitend für das moderne Marketing gesehen werden.

1882 erschien das Motiv erstmalig auf dem Preisverzeichnis. Nach und nach war es auf den Produkten der Firma zu sehen und reiste mit ihnen um die Welt. Wagner nutzte das seinerzeit gerade eingeführte

Markenschutzgesetz und sicherte der Firma Pelikan das Monopol auf das Symbol. Das Motiv – ein Pelikan, der seine Küken füttert – knüpft an die frühchristliche Legende an, der zufolge sich ein Pelikan die Brust aufreißt, um seine Kinder mit dem eigenen Blut zu retten. Im weitesten Sinne steht der Wasservogel für Zusammenhalt und Fürsorge. Übertragen auf die Firma Pelikan signalisierte es den Anspruch, kindergeeignete, giftfreie und zugleich hochwertige Farben zu produzieren. Die im Firmensymbol enthaltene Zahl der Küken war seit der Firmenübernahme Wagners im 19. Jahrhundert mit jedem Familienzuwachs aktualisiert worden. Das Markenzeichen selbst wurde mehrfach, dem Zeit- und Kunstgeist entsprechend, überarbeitet, ebenso der Schriftzug „Pelikan". Beides sicherte den

Wiedererkennungswert und machte die Pelikan-Produkte rund um den Globus bekannt. In den 1950er-Jahren, so der Pelikan-Justitiar Detmar Schäfer, erreichte ein in Südafrika aufgegebener Brief mit der fehlerhaften Anschrift „PLICAN WORKS, HANOVER, USA" nach einer Odyssee durch etliche Hanovers in den USA schließlich den richtigen Empfänger in Hannover.

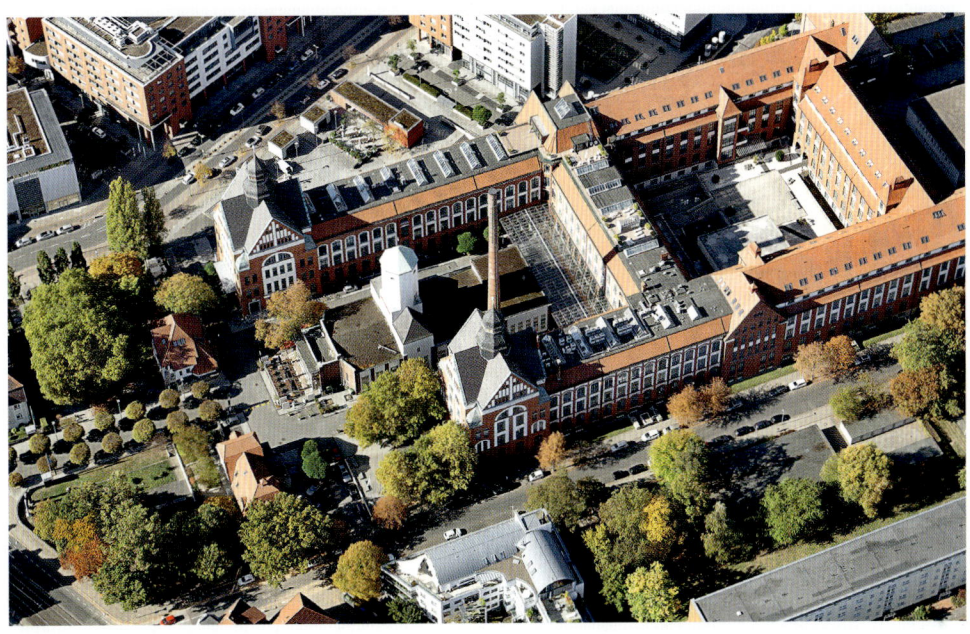

Das Pelikan-Viertel (Foto von 2018) ist inzwischen ein modernes Wohn- und Arbeitsquartier. Für die gelungene Mischung aus historischen Gebäuden und Neubauten erhielt es mehrere Preise.

vor 1873

1878

Wappen der Familie Wagner als Marke auf den Großen Honigfarben vor 1873.

Markeneintragung von 1878 (© Pelikan GmbH)

Das aus einem Familienwappen entstandene Markenzeichen hatte es geschafft. Die kleine hannoversche Tintenfabrik hatte sich zum internationalen Konzern gemausert, dessen Produkte weltweit Absatz fanden und überall erkannt wurden. Auch wenn die Firma im Lauf der

1937

Markenlogo O. H. W. Hadanck 1937 („© Pelikan Vertriebsgesellschaft mbH & Co. KG").

Jahrzehnte organisatorischer Änderungen unterworfen war und nur noch ein Teil von ihr in Hannover ansässig ist: Der Pelikan blieb. Das Bild- und Schriftlogo in leicht veränderter, beides integrierender Form ebenso. Und mit ihm, der Marke und einem bunten, unverwechselbaren Stadtviertel um das vormalige Produktions- und jetzige Verwaltungsgebäude an der Podbi sowie der Manufaktur in Vöhrum leben sein Geist und Name im Raum Hannover weiter.

Mit Kitz Emma fing alles an

Wenn er von seiner Arbeit erzählt, leuchten seine Augen. Dass er auch nach 25 Dienstjahren gern in den Tiergarten kommt, glaubt man ihm aufs Wort. Seit 2009 leitet Thomas Giese das Forstrevier Süd und sorgt dafür, dass sich Pflanzen, Tiere und Menschen im Tiergarten wohlfühlen. Das hinzukriegen, ist manchmal gar nicht so einfach. Schwer zu schaffen machen ihm und den Bäumen – darunter besonders den Buchen – Stürme wie Kyrill, Friederike und zuletzt Zeynep, Xandra und Antonia. Aber auch Besucher, die die Mülleimer im Tiergarten übersehen und Tiere mit Chips und Kaugummi füttern, sind ihm ein Dorn im Auge. Und dass er Jahr für Jahr im Frühjahr Anrufe erhält von vermeintlichen Tierfreunden, die ein elternloses Reh aufgefunden haben und nicht wissen, wohin damit.

„Oft wurde es wahrscheinlich gestreichelt, im Einzelfall vielleicht sogar mit nach Hause genommen – das Kitz wird dann von seiner Ricke nicht mehr angeguckt", so Herr Giese. Und schimpft: „Dass man ein Rehkitz nicht anfassen darf, weil es dann von seiner Mutter verstoßen wird, lernt doch jedes Kind."

Ein kurzer Blick und wir sind uns einig. Dieser Satz stimmt wohl heute so nicht mehr. Einig sind wir uns auch darin, wie toll es ist, dass der Tiergarten durchgehend von 7 Uhr bis zum Einbruch der Dunkelheit geöffnet und frei zugänglich ist. Den Park verdanken wir übrigens Herzog Johann Friedrich, der ihn 1678, der Blütezeit des Absolutismus, schuf. Der Herzog wollte für sich und sein adliges Gefolge ein Jagdrevier in nächster Nähe und zur ständigen Verfügung haben. Dem gemeinen Volk etwas Gutes zu tun, hatte er wie andere Hochadlige dieser Zeit nicht im Sinn.

Damwildkalb Mara fühlt sich im Tiergarten Hannover zu Hause.

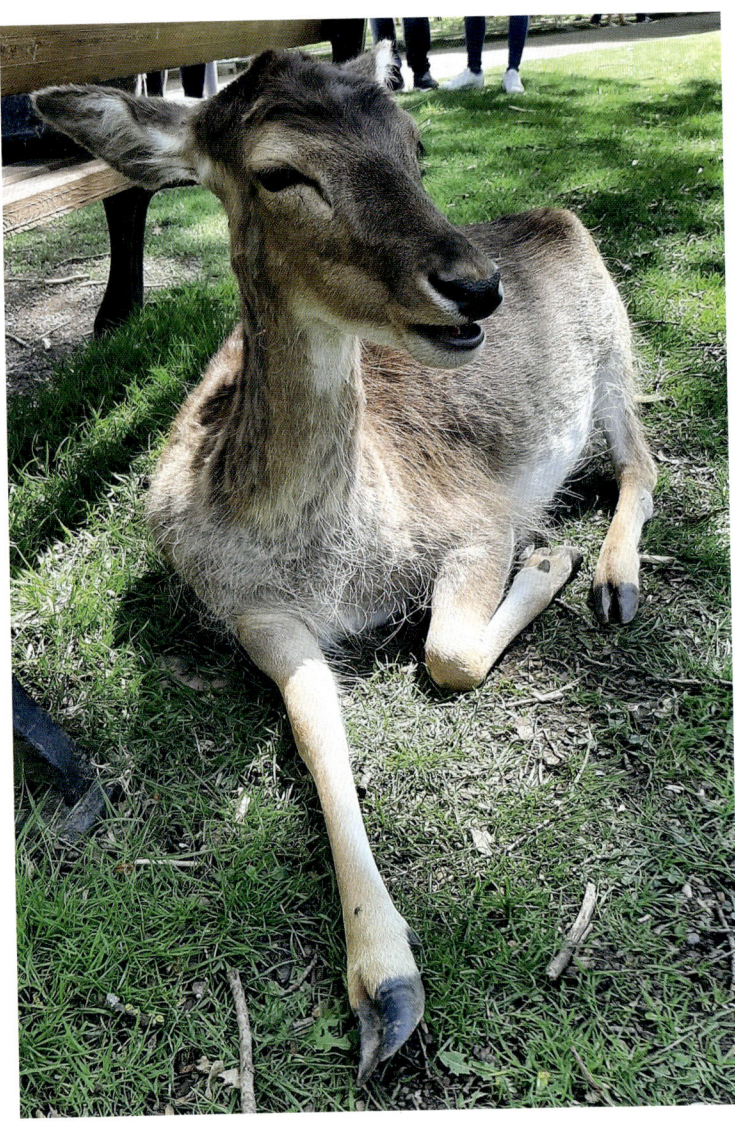

Ausruhen muss auch mal sein.

Das Waldstück um Bemerode und Kirchrode, damals unter dem Namen „Sundern" bekannt, schien hierfür bestens geeignet und war zudem schnell umgestaltet. Gatter drum, Damwild rein, und schon konnten die Adelsherren einem ihrer Lieblingshobbys nachgehen, die Fleischversorgung des Hofes sichern und sich mit ihren Jagderfolgen vor den Damen des Hofs brüsten. Erst 121 Jahre später durfte jedermann den Tiergarten nutzen und die Menschen taten dies viel und gern. Als nach dem Untergang des Königreichs Hannover das preußische Regiment den Tiergarten in Bauland umwandeln wollte, liefen die Hannoveraner Sturm. Ihr Protest zeigte Erfolg. Die Stadt Hannover kaufte dem preußischen Staat den Tiergarten ab, ersetzte das alte Försterhaus durch ein modernes Restaurant mit großem Kaffeegarten und ergänzte die monotone Bepflanzung. So wurde aus dem ehemals nur dem Adel vorbehaltenen Jagdrevier ein allen zugängliches, beliebtes Ausflugsziel und Erholungsgebiet, in dem man Wildtiere aus nächster Umgebung erleben kann.

Und das – um nunmehr in das 21. Jahrhundert zurückzukehren – eben auch dank Thomas Giese. Als 2013 wieder mal einen Anrufer ein Rehkitz in Rotenburg/Wümme gefunden hatte, platzte ihm der Kragen. „Ich hole jetzt das Reh ab und wir ziehen es auf", kündigte er seiner Frau und Kollegin Birte an. Gesagt, getan. Und so waren beide vier Wochen gut damit beschäftigt, ihren tierischen Nachwuchs stündlich mit Biest- und Lämmermilch zu füttern. Was anderes dürfen Rehkinder nämlich nicht bekommen. Und Emma – so wurde sie von Gieses getauft – wuchs und gedieh und fühlte sich besonders im Wohnzimmer wohl. Nach einem halben Jahr zog sie in den Tiergarten um. Dort ist Emma, zwischenzeitlich mehrfache Mutter von Zwillingen, nach wie vor anzutreffen und macht einen überaus zufriedenen Eindruck. Und wann immer sie ihre „Zieheltern" entdeckt, kommt sie zur Begrüßung vorbei.

„Mit Emma fing alles an", erinnert sich Thomas Giese. Er kümmerte sich um verletzte oder verwaiste Wildtiere, nahm und zog sie auf. Auf Emma folgte Mara. Nach seiner Auswilderung in den Tiergarten erschreckte das Damwildkalb das eine oder andere Mal junge Eltern, denen es regelrecht hinterhergaloppierte, um sich ihnen gern für den ganzen Rundgang anzuschließen. „Als sie zu uns kam, war gerade unsere Tochter Maya geboren und wir haben sie täglich spazieren gefahren", erklärt Thomas Giese. „Und immer, wenn Mara im Tiergarten einen Kinderwagen sah, hieß das für sie: ‚Meine Familie und schnell hinterher.'"

Mittlerweile sind Thomas Giese und seine Frau eine beliebte und gefragte Adresse für (wild-)tierische Notfälle geworden. Das Telefon steht selten still. Mal ist es eine Wildente, mal ein Waschbär, Feldhase, Wildschwein und ganz häufig Damwild. Wie Emma bekommen sie natürlich alle von Gieses einen Namen, so wie Reh Heidi und die Wildschweine Mimi, Mulle und Peppa. Den Namen von Mara durfte Tiergartenbesucherin Martina K. auswählen, die das verwaiste Damwildkalb gefunden und gerettet hatte.

Die Tiere bleiben im Hannoverschen Tiergarten oder werden von Thomas Giese in eine adäquate Unterkunft vermittelt. So landete z. B. ein Damwildkalb in Chemnitz und ein Hängebauchschwein in Ingolstadt. Manchmal fragen Besucher nach den Tieren und bedauern ihren Weggang. Doch dass alle im Tiergarten bleiben, ginge nun mal nicht, so Thomas Giese: „Das ökologische Gleichgewicht zwischen Tieren und Pflanzen muss erhalten bleiben."

Das Telefon klingelt. Ein tierischer Notfall? Ein umgekippter Baum? Ein Kunde, der Holz abholen will? Was immer es auch ist, Thomas Giese behält seine gute Laune – und kümmert sich.

Martina und ihr Wildschwein

Wie viele weitere Operationen würden folgen? Wäre der Krebs dann endgültig besiegt? Um diese Fragen kreisten ihre Gedanken immer wieder, seit sie die lebensbedrohliche Diagnose erhalten hatte. Im Henriettenstift war sie gerade zum wiederholten Mal operiert worden. Und an diesem Tag hatten Verzweiflung und Resignation ganz von ihr Besitz ergriffen.

Hier im Krankenzimmer hielt es sie nicht länger. Martina K. brauchte frische Luft, um klare Gedanken fassen zu können. Ihr Weg führte sie in den nahe gelegenen Tiergarten. Deprimiert und erschöpft schaffte sie es bis zu einer Bank im Gehegebereich. Und dann war da plötzlich Pia.

Die Bache schaute sie an, kam ganz dicht an den Zaun und schmiegte sich an ihn, um ihren kleinen Wildschweinbauch kraulen zu lassen. Sie schien die Verzweiflung und Traurigkeit ihres menschlichen Gegenübers zu spüren und reagierte darauf. Ganz ohne Worte. Vielleicht sind ja die es, die manchmal einfach zu viel oder nicht die richtigen sind? Das Wildschweinmädchen bot einfach sich, seine Nähe und Wärme an – und lenkte Martina K. s Gedanken in eine andere Richtung. Tod und Krankheit traten in den Hintergrund. „Sie hat mir letztlich das Leben gerettet", resümiert Martina K.

Von nun an kam sie jeden Tag in den Tiergarten, um ihre tierische Freundin zu treffen. Diese war, wie sie von einem Tiergartenmitarbeiter erfuhr, als verwaister Frischling gefunden und mit der Hand aufgezogen worden. Nunmehr hatte sie das Glück, im Tiergarten zu leben und alt werden zu dürfen. Martina K. las und recherchierte über Wildschweine, was sie finden konnte, lernte immer mehr dazu und wurde regelrechte Expertin.

Sie war seit mehreren Monaten wieder zu Hause, als sie an einem Sonntag ohne greifbaren Anlass unruhig wurde. Sie spürte, dass etwas geschehen war. „Es war wie der 7. Sinn", beschreibt Martina K. ihr damaliges Gefühl. Sie fuhr sofort zum Tiergarten. Pia, die ihr sonst immer im Schweinsgalopp entgegengelaufen kam, war nicht da. Martina K. suchte das Gehege ab und entdeckte sie schließlich versteckt hinter einem Baumstamm. Dort hatte sie sich vor den anderen Wildschweinen zu schützen versucht. Sie war schwer verletzt und blutete. Wie sich später herausstellte, hatten Besucher sie mit rohen Spaghetti gefüttert, was bei einem unmittelbar danebenstehenden ausgewachsenen Keiler einen derartigen Futterneid auslöste, dass er Pia massiv attackierte.

Martina K. informierte sofort eine Forstmitarbeiterin, die für Pia vor Ort eine

Wildschwein Pia freut sich: Sie hat ihre „Freundin" Martina K. am Zaun entdeckt.

tierärztliche Erstversorgung und einen Operationstermin in der Tierärztlichen Hochschule organisierte. Dafür musste das Wildschweinmädchen sediert werden und das war alles andere als einfach: Pia hatte offensichtlich Schmerzen und wehrte sich. Vor Panik ließ sie niemanden an

sich heran. Es dauerte mehrere Stunden, ehe sie in die Tierärztliche Hochschule gebracht werden konnte. Keine Frage, dass Martina K. so lange bei ihr blieb.

„Anderswo wäre ein so schwer verletztes Tier erschossen worden", ist sie sich sicher.

Pia im Tiergarten Hannover nach ihrer Operation und Genesung.

Pia hatte in vielerlei Hinsicht Glück: Dank Martina K. wurde sie rechtzeitig gefunden und medizinisch versorgt. Niemand stellte die notwendige Operation auch nur einen Moment in Frage. Die Bache gesundete, und es blieben keine Schäden zurück. So konnte sie nach wenigen Wochen ihrer besten Menschenfreundin wieder im Wildschweingalopp entgegenlaufen konnte.

Für Martina K. ist klar, dass sie und Pia eine ganz besondere Beziehung haben.

Obwohl ganz verschiedenen Spezies zugehörend, waren sie sich vom ersten Moment an so nah, dass sie die Stimmung des anderen spüren konnten. Beide haben sich gegenseitig das Leben gerettet. Und nachträglich, nach sieben Operationen und besiegtem Krebs kann Martina K. bestätigen, was ihr das Pflegeteam des Henriettenstifts als Abschiedsgruß auf das gerahmte Foto von Pia schrieb: „Sie haben Schwein gehabt." Und Pia hat Martina K.

Trichoplax verändert die Welt

Es ist nicht auszuschließen, dass er bald Weltberühmtheit erlangt, deshalb prägen Sie sich den Namen vielleicht besser gleich mal ein: Trichoplax.

Mit ca. 2 mm Durchmesser, einem schleimigen Äußeren, gräulicher Farbe und einem scheibenförmigen, platten Körper ist der primitivste tierische Vielzeller eher unauffällig und nicht gerade attraktiv. Im warmen Meer lebend, bewegt er sich amöbenartig und verändert dabei laufend seine Form. Nichts an ihm erinnert an sonstige Lebewesen: Ihm fehlen Organe, Muskeln und Nerven. Er hat weder Rumpf noch Kopf. Und er besteht nur aus sechs unterschiedlichen Zellen. Zum Vergleich: bei einem Säugetier sind es mehr als 200.

Doch obwohl Trichoplax überaus einfach gestrickt ist, verfügt er über ein Erbmaterial, das weitaus mehr Möglichkeiten in sich birgt, als es der äußere Schein vermuten lässt. „Der Mensch ist zwar tausend Mal komplexer, hat aber nur doppelt so viele Gene wie Trichoplax", erklärt sein Ziehvater, Prof. Dr. Bernd Schierwater. Der an der Tierärztlichen Hochschule forschende Zoologe entdeckte bereits 2008, dass nicht der Schwamm, sondern Trichoplax unser Stammesvater ist. Zu fast jedem unserer Gene lässt sich in dessen Genom ein Ur-

ahn finden. Alles, was den Menschen zum Menschen macht, sei es das Nervensystem, der aufrechte Gang oder die Sinnesorgane, ist in den Genen des winzigen, unscheinbaren Tierchens bereits angelegt. Trichoplax ist eine Art Prototyp und Bauanleitung für uns Menschen, d. h. der gesamte Evolutionsweg lässt sich an ihm zurückverfolgen.

Und im kontinuierlichen, auch personellen Austausch mit Evolutionsgenetikern, Biochemikern und Gravitationsbiologen aus Australien, den USA und Deutschland will der Trichoplax-Experte seine bahnbrechende Entdeckung für die Menschen nutzbar machen. Der einfachste aller Vielzeller könnte, so Bernd Schierwater, die Menschheit von der Geißel „Krebs" erlösen.

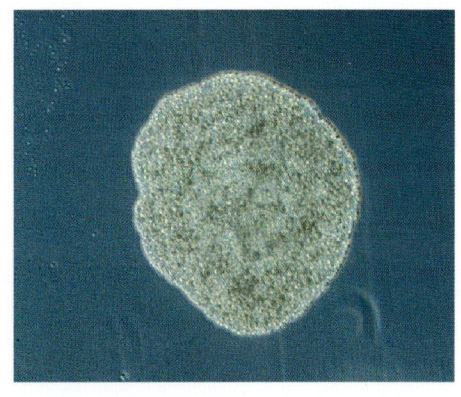

Ausgewachsenes Exemplar von Trichoplax adhaerens.

Trichoplax auf dem Weg ins Weltall.

Wie das?

Die sogenannten Polaritätsgene steuern beim Menschen den grundlegenden Mechanismus der koordinierten Zellteilung und gewährleisten dadurch die Funktionalität und das Zusammenspiel von Geweben und Organen. Genetisch vorgegeben hat jede Zelle eine bestimmte Ausrichtung, also Pole, z. B. von oben nach unten oder von innen nach außen.

Entsprechend teilt sie sich in die eine oder andere Richtung. Krebszellen fehlt die Polarisierung, d. h. sie wachsen orientierungslos in alle Richtungen: die simple und teuflische Arbeitsmethode eines Tumors.

Der nächste Schritt lag für den Professor der Tierärztlichen Hochschule Hannover auf der Hand. Grundvoraussetzungen seiner Überlegungen waren folgende Annahmen:

- *Signalgeber für die Polarität ist die Schwerkraft.*
- *Die Schwerkraft ist die einzig konstante Umweltvariable, seit es Leben auf der Erde gibt.*
- *Die Zellstruktur des einfachsten tierischen Vielzellers ist ebenso polarisiert wie die des Menschen.*

Würde man Trichoplax den Signalgeber, die „Schwerkraft" und somit die Polarität entziehen, könnte er die Gene offenbaren, die eben diesen Vorgang steuern. Also schickt Bernd Schierwater den unscheinbaren, aber evolutionär bedeutungsvollen Winzling ins All. Im Herbst 2022 verlässt er unseren Planeten und wird in der Höhenforschungsrakete Mapheus der Schwerelosigkeit ausgesetzt. Ein kleiner Schritt bzw. Flug für Trichoplax, doch vielleicht ein sehr großer für die Menschheit.

Hannover und seine Pferde

Das Pferd findet sich im niedersächsischen Wappen, man trifft sich „unter seinem Schwanz" und eine berühmte Zucht ist nach unserer Stadt benannt. Es gibt viele Hinweise auf Hannovers Nähe zum Pferd und Reitsport. Das Fundament dafür wurde zu einer Zeit gelegt, der man das gar nicht zutraut. Preußen war 1866 als Sieger aus dem Deutschen Krieg hervorgegangen, hatte das Königreich Hannover annektiert und beendete damit die Welfenherrschaft. In dieser resignativen Umbruchphase sorgte die Verlegung des Königlich preußischen Militär-Reitinstituts von Schwetje nach Hannover für frischen Wind in der Stadt. Offiziere wurden für ein bis zwei Jahre abgeordnet, um das Schlepp- und Wildjagen sowie Distanz- und Stafettenritte zu lernen. Sie und Kavalleristen aus aller Welt belebten die Stadt. Die vom Institut veranstalteten Feste, Sport- und Reitwettbewerbe sorgten für zusätzlichen Schwung und es war Wegbereiter für neue Sportarten wie Polo, Jagd- und Preisreiten. Handel, Handwerk und Gastronomie florierten, die zusätzlichen Kunden kamen ihnen zugute.

Die systematische Reiterausbildung, die in dem Institut vermittelt wurde, prägte die Sportart deutschlandweit, und es erwarb sich weit über Landesgrenzen hinaus einen guten Ruf. Einer ihrer Absolventen, der Freicorpsführer und erfolgreiche Rennreiter Hans Jauch, bezeichnete sie als „Paradies der Kavallerie-Offiziere" und schwärmte: „(W)as Heidelberg für die Studenten, das ist Hannover mit seiner Militärreitschule für die Leutnants." In kürzester Zeit wurde Hannover zum „Zentrum des Reitsports".

Die ersten Offiziere wurden am Marstall am Hohen Ufer ausgebildet. Hier wurde es schnell zu eng. Zudem hatte Kaiser Wilhelm einen erhöhten Bedarf an Kavallerieregimentern. Ein neues Gebäude mit Stallungen für 400 Pferde, sechs Reitbahnen, Reitplätzen, Hundezwingern und Unterkünften für die Offiziere wurden in Vahrenwald errichtet, wo die Bezeichnungen „Husaren-" und „Dragoner Straße" an die militärische Vergangenheit erinnern.

Das Sachsenross, eine Bronzestatue des Bildhauers Albert Wolff (1865) vor der Universität, dem ehemaligen Welfenschloss.

Übungskompanie
Hannoversches
Trainingsbataillon.

Die vormals königliche Reithalle sowie der Reitstall werden heute für Events und Galaveranstaltungen vermietet.

Vor Beginn des Ersten Weltkriegs wurde das Reitinstitut aufgelöst. Entsprechend der Übereinkünfte aus dem Versailler Vertrag gründete sich am 1. Januar 1920 die Reichswehr als Nachfolgerin der Militärischen Reit- die Kavallerieschule. Über Reitturniere und sportliche Erfolge konnte sie deren Ruf fortsetzen: Bei den Olympischen Spielen 1936 gewannen bei ihr ausgebildete Reiter alle der sechs möglichen Goldmedaillen. Deren Glanz strahlte bis Hannover. Ende der 30er-Jahre protestierten die Bürger und politisch Verantwortlichen vehement gegen eine Verlegung der Schule nach Berlin. Vergeblich.

War das der Anfang vom Ende der Reiterstadt Hannover? Nein, bestimmt nicht. Doch wer heute unter diesen beiden Stichworten googelt, landet im 19. und beginnenden 20. Jahrhundert oder stößt auf den Namen einer anderen Stadt. „Hannover" bleibt auch auf der 5. Seite ungenannt. Der Status als „Reiterstadt" ist wohl dahin, doch sind wir ja zumindest Teil der „Pferderegion".

Pferde auf einer Wiese in Koldingen bei Hannover.

„Amor, such den Stoff!"

Bei seiner ersten Begegnung mit Amor im Jahr 1972 war er fast ein wenig enttäuscht. Dieser junge, verspielte Labrador-Retriever, für den das Landeskriminalamt 800.- DM an einen englischen Züchter bezahlt hatte, sollte der erste Rauschgiftspürhund der Polizei Niedersachsens werden?

Der nicht gerade überwältigende erste Eindruck setzte sich fort. Kommandos wie „Sitzplatzbleib" waren dem sieben Monate alten Junghund völlig unbekannt. Dass man als Hund seine Geschäfte draußen verrichtete, schien ihm ebenso neu zu sein. Ein Kollege bei der Polizeidienststelle am Welfenplatz schüttelte nur den Kopf: „Der schafft das nicht." Aber sein Herrchen und Hundeführer Egon Krüsmann gab nicht auf.

Geduldig und in kleinen Schritten hieß es für Amor erstmal Vokabeln und Grundgehorsam lernen. Und für seinen Chef das eine oder andere Malheur zu beseitigen, das Amor in Dienstelle und Wohnung unterlief. Schritt für Schritt lernte der Hund die Welt kennen und bewältigen. Aber vor der Treppe legte sich Amor hin und streikte. Egon Krüsmann trug ihn in die 1. Etage und gewöhnte ihn langsam daran, erst eine, dann zwei und schließlich alle Stufen bis nach oben zu nehmen. Nach und nach lernte Amor seine Lektionen und bestand die Begleithundeprüfung bei einem Hundesportverein mit Bravour. Nun konnte endlich die eigentliche Schulung beginnen. Von einer zentralen Ausbildungsstätte für Hunde und Hundeführer, wie sie einige Jahre später in Ahrbergen bei Hildesheim eingerichtet werden sollte, konnte man seinerzeit nur träumen. Die Diensthundeführer waren nahezu auf sich allein gestellt. Jeder trainierte seinen Hund autodidaktisch. Nur die Lernergebnisse und die Eignung wurden zentral geprüft.

So besorgte sich Egon Krüsmann vom Landeskriminalamt eine Ration Haschisch, das seine Frau in einer mehrfach verstärkten, kleinen Tasche einnähte. Die wurde zu Amors Haupt- und Lieblingsspielzeug. Egon Krüsmann ließ ihn daran schnuppern und anschließend suchen. Zunächst in der Wohnung, anschließend auf dem Hundeplatz, schließlich auf gänzlich fremden Terrain. Wo und wann immer es hieß „Such den Stoff", war Amor sofort klar, dass er Hasch und auch andere Drogen zu erschnüffeln hatte. Schnell lernte er, dass und wie er die Fundstelle anzeigen musste. Auf keinen Fall durfte er mit seinem Fund in Kontakt kommen, das hätte Spuren verwischen können.

Schrittweise erschwerte Egon Krüsmann die Suchaufträge, indem er die Rauschgiftmenge reduzierte. Waren es zu Beginn des Trainings 200 Gramm, so spürte Amor schließlich selbst 5 oder 10 Gramm auf.

Diensthundeführer Egon Krüsmann und Amor im Jahr 1972.

Zudem war sein Chef außerordentlich erfinderisch in der Wahl möglicher Verstecke. Das Haschisch fand sich in Duschräumen, Kellern und auf Dachböden, versteckt unter schmutziger Wäsche, in einer Streichholzschachtel, einem Plastikkorken oder einem Abflusssieb. Um Amor seine Höhenangst zu nehmen, kletterte er mit ihm auf eine angestellte Leiter und das Dach seines Schuppens. Egal wo, Amor fand alles. Und obwohl der Kleinste in der Riege seiner stattlichen und um einiges größeren Schäferhundkollegen,

absolvierte er den ersten Lehrgang zum Rauschgiftspürhund im nordrhein-westfälischen Bork mit Bravour.

Nun wurde er offiziell als „Rauschgiftspürhund" tätig. Und die Einsätze ließen nicht lange auf sich warten. Sobald er sein Kommando hörte, legte Amor los. Er fand Haschisch unter der Matratze, im Hohlraum einer im Handschuhfach abgelegten Bürste, im Abstellraum und im Bahnhofsschließfach, Marihuana unter der Türschwelle einer stillgelegten

Räucherkammer und LSD-Trips in der Zuckerdose. Sein Hundeführer übte und trainierte mit ihm stetig weiter und versuchte ihn auf alles, was auf ihn zukommen konnte, vorzubereiten. Und das erwies sich als gut und richtig.

Ein Großeinsatz führte sie in eine stillgelegte Ziegelei. Im Erdgeschoss erschnüffelte Amor nichts. Vielleicht fand sich etwas eine Etage über ihnen, auf dem nicht ausgebauten, offenen Dachboden? Doch es führte keine Treppe hinauf. Sein Chef fand eine Leiter, lehnte sie an einen Mauervorsprung und nahm vorsichtig die ersten Stufen. Die Leiter wippte und machte alles andere als einen zuverlässigen Eindruck. Sie war auch weitaus höher als die zu Haus erprobte. „Du darfst nicht zappeln", warnte er Amor. „Sonst fallen wir beide." Egon Krüsmann nahm seinen Vierbeiner kurzerhand auf den Arm und beförderte sie beide nach oben. Amors Augen verrieten, dass ihm die ganze Sache nicht geheuer war. Aber er hatte seine Höhenangst besiegt und bewegte sich nicht. Kaum auf dem Dachboden angekommen, folgte er dem vertraut gewordenen Kommando und fand den Stoff: Fast ein Kilogramm Haschisch in Platten. Aus dem verspielten Labrador-Retriever, der als Junghund keinen einzigen Befehl beherrschte, war ein zuverlässiger Partner und der erste Rauschgiftspürhund des Landes Niedersachsens geworden.

Rauschgift – Hund „Amor" ist in den „Ruhestand" getreten

ck. Hannover, 12. 12.

Der Pensionär liegt gemütlich im Körbchen, blinzelt mit den Augen: „Amor", Niedersachsens erfolgreichster Rauschgifthund, ist in den „Ruhestand" getreten!

Im Oktober 1972 kam der hellbeige Labrador aus England nach Hannover – die Polizei hatte ihn gekauft. Damals war er noch reichlich verspielt. Doch schnell lernte er den „Ernst des Lebens" kennen:

„Amor" wurde unser erster Rauschgifthund. Er hat insgesamt elf Kilo Haschisch gefunden.

Mit zehn Jahren ging „Amor" jetzt in Pension. Er lebt mit Herrchen Egon Krüsmann und dessen Familie zusammen, geht dreimal am Tag spazieren – und schläft viel.

Jedes Jahr darf er mit in den Urlaub. Er war schon in Spanien, der Schweiz, Italien und Österreich.

Schon zehn Jahre alt und pensioniert: Polizeihund „Amor" springt auch heute noch locker über Zäune.

Amor, Niedersachsens erster Rauschgiftspürhund, geht in Rente.

Die Geschichte der LEIBNIZ-ZOO-Kekse

Wenn Ihnen Kekse gleicher Art von den Firmen A, B und C angeboten werden: Für welche der Sorten entscheiden Sie sich, wenn alle ein ähnliches Preisniveau haben? Wahrscheinlich doch für die, die in irgendeiner Form auffallen und etwas anderes oder mehr bieten als die anderen.

Die Bahlsen GmbH & Co. KG, ansässig an der Podbie mitten in Hannover, machte vor einem halben Jahrhundert genau das. Wer, ist nicht überliefert, doch irgendjemand hatte die geniale Idee, zusätzlich zu dem bekannten klassischen Rechteck mit den 52 Zähnchen Kekse im tierischen Format auf den Markt zu bringen.

Bumpo, Rosalinde, Julchen, Turo, Jim, Butsu, Bimmi, Emil lauteten die Namen der ersten acht Kekstiere, die als Bahlsen-Zoo-Keksmischung 1966 neuen und frischen Wind in die Gebäckabteilungen der Lebensmittelgeschäfte und Kaufhäuser brachte. Mittlerweile sind es siebzehn, seit 2017 ergänzt um vier Fabelwesen. Ausgewählt wurden die Tiere danach, ob sie klare Konturen aufweisen, deutlich zu identifizieren und wenig bruchgefährdet sind. Diesen Anspruch erfüllten seinerzeit Schaf, Eisbär, Elefant, Hase, Schildkröte, Schwein, Nashorn und Ente sowohl vor als auch nach der Backprobe. Denn, so ein Mitarbeiter aus der Forschung und Entwicklung bei der Bahlsen GmbH & Co. KG: „Was auf der Zeichnung gut aussah, kam manchmal dann nach dem Backen ganz anders raus."

Zu jedem der Tiere gab es auf der Packung eine kleine Geschichte, erdacht und geschrieben von Ilse Scherler aus Lübeck. Da war der Löwe Emil, der die kleine Schildkröte warnt, als sie mal eben einen Ausflug ohne ihre Eltern machen will und fast unter die Räder kommt. Der Elefant Bumpo, der im Zoo seine kleine Schwester wieder trifft. Die Schildkröte Bimmi, um die sich eine Meise sorgt, weil ihre Freundin nicht weiß, dass man nur bei „Grün" über die Straße gehen darf. Das Ferkel, das von einem Kater sauber geschrubbt und von seinen Geschwistern anschließend bewundert wird. Liebenswerte Heile-Welt-

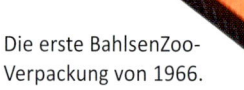

Die erste BahlsenZoo-Verpackung von 1966.

Geschichten, in denen Kindern am Beispiel vermenschlichter Tiere vorgeführt wurde, wie man sich „richtig" verhält: sei es, nur bei Grün über die Straße zu gehen, auf Sauberkeit zu achten und sich nicht ohne Absprache von den Eltern zu entfernen. Ergänzend zu den Geschichten gab es auf der Verpackung Ausmalbilder, Bastelvorlagen, Memorys und Puzzles zum Ausschneiden. Natürlich alles passend zur Bahlsen-Zoo-Kollektion. Mitsamt dem Drumherum waren die Tierkekse ein echter Renner. Bis heute gehört die Kekssorte, die zusätzlich zum Originalrezept mit Dinkel und Hafer, Kakao und 30 % weniger Zucker sowie gluten- und laktosefrei angeboten wird, zu den meistverkauften Produkten der Bahlsen GmbH & Co. KG.

Mit dem Namenswechsel von Bahlsen zu Leibniz im Jahr 1990 wechselte der Keks-Zoo nicht nur den Besitzer, sondern auch den Stil seiner Texte: Sachlichkeit und Realitätssinn ersetzten die Erziehungsmärchen. In einer zunehmend computerisierten und digitalisierten Welt hatten gestellte Dialoge zwischen Tieren zum richtigen Verhalten im Straßenverkehr keinen Platz mehr. Auch von den Namen der Kekstiere verabschiedete man sich und ordnete sie stattdessen übergreifenden, langzeitgültigen Themenschwerpunkten wie „Bauernhof", „Dschungel" und, zeitlich limitiert, der „Eiszeit" zu.

Auf der sonnengelben Verpackung findet sich selbstredend heute noch in modernem Design ein Tier im Keksformat. Abhängig von der jeweiligen Sorte sind es

Die aktuelle Verpackung (2022).

aktuell Ente, Schaf, Elefant und Löwe. Kurze Texte auf der Rückseite informieren über Eigenarten und Besonderheiten aus dem Tierreich und geben praktische Tipps: „Viele Singvögel baden gern, um sich sauber zu halten und abzukühlen. Wenn du im Sommer draußen eine Schale mit Wasser aufstellst, freuen sie sich bestimmt!" heißt es da. Oder „Der Dschungel ist zu weit weg. Auch bei uns kannst du eine Menge entdecken: Über eine Million Insektenarten gibt es zu beobachten (...) Eine Stunde Insektenzählen hilft (...) ihren Bestand zu erfassen. Informiere dich über lokale Insektenzählaktionen, um deine Entdeckungen zu melden."

Ob Insektenzählaktionen Kinder und Jugendliche hinter dem Ofen bzw. vom Computer weglocken und sie für die Natur begeistern können? Fehlt da nicht etwas Abenteuergeist und Pfadfinderromantik? Ein wenig mehr Individualität und Originalität im Sinne von Astrids Lindgrens Aufruf: „Sei frech und wild und wunderbar?" Doch wie dem auch sei: Die weltweiten Verkaufszahlen beweisen: Leibniz-Zoo-Kekse werden viel und gern gekauft und schmecken überall. Und darauf kommt es schließlich an.

Und Maikäfer gibt es doch

„Es gibt keine Maikäfer mehr", sang Reinhard Mey vor vielen Jahren melancholisch. Seinerzeit schienen die kurzlebigen Krabbeltiere tatsächlich fast ausgestorben zu sein. Inzwischen haben sich die Bestände der Feld- und Waldmaikäfer in einem Maße erholt, die sie vielerorts zur Plage haben werden lassen. Doch es gibt ja noch andere Käfer. Jährlich am 1. Mai treffen sich in unserer Landeshauptstadt traditionell Liebhaber des VW-Käfers. Henry Hackerott aus Gehrden, selbst seit seinem 18. Lebensjahr überzeugter Halter und Fahrer eben dieses Gefährts, organisiert das weltweit wahrscheinlich größte Maikäfertreffen auf dem Westparkplatz des Messegeländes.

In Gelb, Rot und Blau, unifarben oder kunstvoll bemalt, tiefer gelegt oder getuned sind die Käfer zu bewundern. Standbetreiber und Besucher nutzen die Chance, VW-Einzelteile zu erstehen, die es sonst nirgendwo mehr gibt, zu fachsimpeln und Erinnerungen zu tauschen, Raritäten und Oldtimer zu bestaunen oder einfach nur bei strahlendem Sonnenschein die überwältigende, bunte Vielfalt

Maikäfer sind oft zu Tausenden unterwegs.

VW-Käfer in allen Farben beim Maikäfertreffen 2022.

der VW-Käfer auf sich wirken zu lassen. Das über viele Jahrzehnte bekannteste und beliebteste Modell von VW hat Kultstatus – und das Maikäfertreffen auch.

Ein Vergleich des tierischen mit dem motorisierten Käfer ist in mancherlei Hinsicht interessant. Der Maikäfer bewegt 1 Gramm Lebendgewicht mit durchschnittlich 8 km/h durch die Lüfte. Der motorisierte Käfer eine Tonne mit einer Höchstgeschwindigkeit von ca. 120 km/h über den Asphalt. Beide brummen: Der VW-Käfer mit seinen 25–40 PS und dem Otto-Motor eher gemütlich, die tierischen Vertreter in größerer Anzahl laut bayrischen Landwirten mit einem „Lärm wie von einem Flugzeug". Insekt wie Auto sind nicht gerade genügsam.

Der VW-Käfer dagegen darf sich durchgehend geliebt fühlen: Längst ist er zum Mythos geworden. Und seine Fans warten schon sehnsüchtig auf den nächsten 1. Mai. Sollte der tierische Vertreter zufällig an diesem Tag gehäuft und unerwünscht in Hannover auftreten, empfiehlt Herrmann Löns, ihm ein Lied vorzusingen: „Maikäfer flieg'!" Das hat er so oft gehört, daß es ihm über ist, und er macht dann schnell, daß er fortkommt".

Uli Stein

Schauen Sie bei Gelegenheit mal nach. Bestimmt haben Sie irgendwo ein Motiv von Uli Stein in Ihrem Bücherregal, auf einer Kaffeetasse, einem Topflappen, Lesezeichen oder Kalender. Und wenn nicht, finden Sie seine Cartoons garantiert auf der vorletzten Seite Ihrer Fernsehzeitung.

Uli Stein wurde 1946 als Uli Steinhauser in Hannover geboren. Seine Cartoons und seine Figuren kennen Menschen rund um den Globus. Allein in Deutschland wurden 12 Millionen seiner Bücher verkauft. Neben dem Traumpaar Erwin und Martha sind seine Protagonisten grundsätzlich liebenswert schrullige Tiere mit Knollennase und menschlichen Zügen. Auch im wirklichen Leben standen Tiere für ihn im Mittelpunkt. Den regelmäßigen Besuchern seines Gartens gab er Namen und sorgte liebevoll für ihre Verpflegung. Entsprechend gern und oft kamen die Taube Hedwig und die Krähe Willi an seinem Wohnzimmerfenster vorbei. Eichhörnchen, die durch seinen Garten flitzten, waren gern gesehene Gäste. Und wenn er auf seinen Spaziergängen an einer Koppel vorbeikam, wartete ein Pferd am Zaun auf die von ihm mitgebrachte Mohrrübe. Bei den Alpakas in Langenhagen-Godshorn war er regelmäßig Gast und entdeckte unter ihnen immer wieder neue geeignete Fotomodelle, wie den wenige Monate vor seinem Tod geborenen Gustav.

Besonders am Herzen lagen ihm Hunde. In einem Interview charakterisierte er sie als „etwas Besonderes", weil man mit ihnen im Gegensatz zu Meerschweinchen interagieren könne. Sie seien klug, loyal und freundlich. Selbst hatte er einen Hund namens Dino und wollte sogar dreißig Jahre nach dessen Tod keinen „neuen", was einiges über die Beziehung und Bindung zu seinem ersten und einzigen Hund aussagt. Oft hatte er Frl. Bruni, Bulldogge seiner Assistentin, zu Gast. Aber diese tierischen Kontakte reichten ihm nicht. Und die Cartoons auch nicht.

So verknüpfte er, was ihm neben dem Zeichnen und Texten wichtig war: das Fotografieren und die Hunde. Regelmäßig lud er Vierbeiner ein, die ihm als Modell zur Verfügung standen. Der Erste war ihm wegen seiner einzigartigen Ohren bei seinem Lieblingsitaliener in Bissendorf aufgefallen, wo er einen namentlich gekennzeichneten Stammplatz hatte und regelmäßig auf einen Cappuccino einkehrte. Aber Besitzer und Hund waren verschwunden, bevor er sie ansprechen konnte. Nach langer Suche gelang es schließlich mithilfe eines Tierarztes, die Hündin über ein Handyfoto ausfindig zu machen. „Donna" ziert jetzt das Titelbild eines seiner Bücher. Und seither war sein Wohnzimmer größtenteils Fotostudio. Auf Donna folgten bis zum Sommer 2020

Der Cartoonist und Tierschützer Uli Stein (1946–2020).

ca. 400 Hunde, die er für Bücher oder Kalender oder sich selbst fotografierte. „Vom Zwergpudelpinscher über den Bolonka zur American Bulldog bis zum Mastiff war alles dabei", so der Cartoonist. Und alle, sogar Kampfhunde wie Bullterrier und American Staffordshire, wären freundlich gewesen. Nahezu jeden ihrer Namen hatte er noch im Kopf.

Über die Hunde kam der als menschenscheu bekannte Uli Stein mit den Besitzern ins Gespräch. Viele seiner Fotomodelle kamen aus Rumänien, Spanien, Griechenland, der Türkei und haben auf der Straße, an der kurzen Kette oder im Zwinger eines Shelters alles andere als ein schönes Leben gelebt. „Was ihnen widerfahren ist, muss die Hölle gewesen sein",

war Uli Steins Eindruck. Allen merkte er die Dankbarkeit an, dass sie – zumeist mit Unterstützung eines Tierschutzvereins – dieses Elend hinter sich gelassen hatten. Um sowohl den Vereinen als auch den Vierbeinern zu helfen, gründete er 2018 eine Stiftung, die von seiner vormaligen Assistentin weitergeführt wird.

Einen Meilenstein setzte der Cartoonist wenige Wochen vor seinem Tod: Dank ihm und der Stiftung werden die Wohnungslosen unserer Landeshauptstadt bei der wöchentlichen Lebensmittelausgabe der gemeinnützigen Obdachlosenhilfe Hannover nicht nur mit Brot, Gemüse, Obst und Konserven versorgt. Sie erhalten bei Bedarf auch Hunde- und Katzenfutter sowie Leinen, Decken und diverses Zubehör. Und für eventuell erkrankte Hunde steht kostenlos das Hundemobil mit einem Tierarzt bereit. An die große Glocke hängen mochte Uli Stein das nicht. Einen Text über sein Engagement für die hannoverschen Obdachlosen bzw. deren Hunde musste ich zweimal ändern, weil er sich zu sehr gelobt fühlte.

Bei dem Interview, das ich mit ihm im Juni 2020 führen durfte, standen natürlich Tiere und besonders Hunde im Mittelpunkt. „Eine Bulldogge könnte mir wohl gefallen" überlegte Uli Stein zum Abschied laut. „Vielleicht schaffe ich mir ja doch noch einen Hund an."

Dazu sollte es nicht mehr kommen. Uli Stein starb zwei Monate später in seinem Haus in Bissendorf.

Rettet den Drill!

Zuerst fiel es gar nicht weiter auf. Schließlich hatte er im Zoo Hannover drei Weibchen gedeckt, neun Kinder gezeugt und war nicht mehr der Jüngste. Da verwunderte es nicht, dass Sumbo sich ein wenig von seiner trubeligen Großfamilie zurückzog. Zudem war der aus einem Zoo in Marokko stammende Drill von Haus aus eher ruhig und zurückhaltend. Aber Sumbo wurde ständig dünner und apathischer. Und als die Nachkömmlinge seinen Urin wie Limonade tranken, klingelten bei allen die Alarmglocken. Der Verdacht bestätigte sich: Sumbo hatte Diabetes, noch dazu die schwerere Variante des Typus 1, bei der nur das tägliche Spritzen einen baldigen Tod verhindern kann.

Auf keinen Fall sollte er dafür täglich narkotisiert werden müssen: Das wäre eine viel zu große Belastung für seinen Körper und Organismus. Doch wie sollte man einem ausgewachsenen, nicht ungefährlichen Drill nahekommen, ohne dass er einen Menschen gefährdete? Wie und wo eine möglicherweise unangenehme oder gar Schmerzen verursachende Nadel setzen, ohne dass er Gegenwehr leistete?

Der Drill Sumbo in seinem Gehege im Zoo Hannover.

35

Rettet den Drill!

Der Drill gehört zu den am stärksten bedrohten Affen- und Tierarten weltweit. Die Abholzung des tropischen Regenwaldes hat ihn großer Teile seines Lebensraums in Westafrika beraubt. Seit Jahrzehnten wird er massiv bewildert. Sein Fleisch gilt als Delikatesse und wird teuer verkauft. Muttertiere werden gezielt getötet, um ihre Jungtiere z. B. an Restaurants zu verkaufen, wo sie im Käfig gehalten und zu Werbezwecken zur Schau gestellt werden. Vermehrt greifen Behörden ein und bringen die Jungtiere in Schutz- und Auffangstationen. Finanziert werden diese u. a. durch Spenden und Mitgliedsbeiträge des Vereins „Rettet den Drill e. V.". Dieser sieht seine Aufgabe u. a. darin, die Einstellung der Einheimischen zu den Primaten zu ändern und sie nicht nur als Geldquelle, sondern als schützenswerte Lebewesen zu sehen. Erste Vorsitzende des Vereins und Drill-Expertin ist Kathrin Paulsen, der man im Jahr 2022 zum 30-jährigen Dienstjubiläum als Tierpflegerin im Erlebnis-Zoo Hannover gratulieren durfte. Dieser fördert und unterstützt sowohl den Verein als auch die 1996 in Nigeria gegründete Schutzstation, mit der man im ständigen Austausch steht. Nach ihr wurde die Afi Mountain Themenwelt im Zoo Hannover benannt. Die langjährigen Bemühungen, hier mit den noch lebenden Drills eine neue Population aufzubauen, waren erfolgreich. Im August 2022 gebar Dutse ein gesundes Affenmädchen.

Für Kathrin Paulsen, seit über 30 Jahren als Tierpflegerin im Zoo Hannover und Vorsitzende des Vereins „Rettet den Drill", war klar, dass Sumbo so konditioniert werden musste, dass er sich anstandslos und ohne Gegenwehr von möglichst mehreren Kollegen spritzen ließ. Da half nur eins: Training, Training und nochmals Training. Und das etappenweise und in ganz kleinen Schritten. Als Erstes galt es, ihn für eine kurze Zeitspanne von seiner Gruppe zu trennen und in einen anderen Bereich der Innenanlage zu locken, in dem konzentriert und ohne Ablenkungen mit ihm trainiert werden konnte. Das gelang mit einem Clicker, einem sich anschließenden Diabetikerkeks und ganz

Tierpflegerin Kathrin Paulsen bei der Behandlung des zuckerkranken Drills Sumbo.

viel Lob. Schnell hatte Sumbo verinnerlicht, dass auf „click" eine Leckerei und verbale Streicheleinheiten folgten.

Nach dem gleichen Prinzip wurde ihm der nächste Schritt nahegebracht, nämlich auf Kommando eine Sitzposition einzunehmen. Ganz wichtig sei, so Kathrin Paulsen, dass der Click in genau dem Moment erfolge, in dem das erwünschte Verhalten vollständig und hundertprozentig ausgeführt wurde. Auch das gelang. Dann hieß es, Sumbo in eine bestimmte Richtung bzw. an einen Platz zu führen. Dies trainierte Kathrin Paulsen mit einem Holzstab, einem „Target". An ihm sollte sich Sumbo orientieren und in dem Moment, in dem die Spritze gesetzt wurde, seine Nase pressen.

Was hier so lässig leicht beschrieben wird, war harte Arbeit, die viel Geduld, Kraft und Einfühlungsvermögen kostete. Das medizinische Training musste schnell Wirkung zeigen und umgesetzt werden, um Sumbos Leben nicht zu gefährden. Die verabreichten Tabletten waren nur eine Not- und Übergangslösung. Jeden Tag wurde trainiert, trainiert, trainiert, und immer wieder gab es Rückschläge und Einbrüche. Z. B. stellte sich heraus, dass der Clicker letztlich nicht für die Zwecke geeignet war, da man beide Hände und eigentlich sogar eine mehr benötigte, um Sumbo an dem Target und die Spritze in der Hand zu halten. Außerdem bockte der Drill hin und wieder mal und mochte nicht mehr. Frau Paulsen brachte das weder aus der Ruhe noch aus dem Konzept: „Sumbo hat genauso das Recht,

mal keine Lust zu haben, wie wir Menschen auch." Und so ließ man ihm seine Auszeit. „Nicht beachten" hieß in solchen Phasen die Zauberformel. Sumbo, nicht blöd, merkte ganz schnell, dass ihm die begeisterten Zurufe wie auch der Diabetikerkeks fehlten.

An einem Tag bockte er länger und intensiver als sonst. Frau Paulsen war ratlos, bis ihr der Anlass seines Schmollens klar wurde. Die Tierpfleger hatten an der Trainingswand ein Sitzbrett befestigt, seine Nutzung durch Sumbo aber nicht als weiteren Erfolg realisiert. Also hatte es dafür für das Tier keine Belohnung und kein Lob gegeben. Ein grobes Versäumnis, fand Sumbo. Und seine Pfleger nachträglich auch.

Irgendwann war es endlich geschafft: Sumbo kam auf Zuruf an die Trainingswand, nahm auf dem Sitzbrett mal links-, mal rechtsseitig Platz und blieb sitzen. Die letzten entscheidenden und sensiblen Trainingsschritte sollte nun – so einigten sich die Tierpfleger – nur eine Person wahrnehmen, nämlich die Drill-Expertin. Kathrin Paulsen hatte im Vorfeld erkundet, welche Spritze, welche Nadel und welche Einstichstelle am besten geeignet ist, um das geringstmögliche Missempfinden auszulösen. Sumbo reagierte allein auf den Anblick der Nadel mit Abwehr und Protest. Zwei Wochen führte Frau Paulsen sie Zentimeter für Zentimeter näher an seinen Körper, zeigte sie ihm wieder und wieder und gewöhnte ihn so langsam an das unbekannte, silbern glänzende Teil.

ken. Und nach stundenlangem, manchmal bis zu einem Tag dauernden Wartens war es endlich so weit: Es plätscherte. Erfolgreich erwiesen sich nach gezieltem Konditionieren die Signalwörter „Püsch Püsch". Nun klappte das Pinkeln auf Kommando.

Jetzt hieß es nur noch, die Tierpflegekräfte in Sumbos Diabetes-Behandlungsprogramm einzuweisen. Schließlich musste die Insulinversorgung auch in Abwesenheit der Drillexpertin gesichert sein. Wieder und wieder gingen die Kollegen die detaillierte Anleitung durch. Unzählige Male wiederholten sie, was ihnen Kathrin Paulsen vorgemacht und aufgeschrieben hatte: Aber Sumbo pinkelte nicht. „Wir machen doch alles genau wie du", jammerten sie verzweifelt. Nein. Nicht alles. Sie entdeckten es bei der geschätzt 10. Durchführung. Ohne sich dessen bewusst zu sein, hatte Kathrin Paulsen, wenn sie Sumbo das Kommando „Püsch Püsch" gab, beide Zeigefinger nach vorne gestreckt. Das machten die Kollegen fortan auch. Sumbo reagierte prompt wie erwünscht und pinkelte – und Frau Paulsen konnte sich beruhigt mal für einen Tag Urlaub abmelden: Sie wusste ihren Schützling gut versorgt.

Es brauchte viel Lob und Kekse, bis Sumbo zuließ, dass die Nadel direkt auf seiner Haut andockte. Und noch mehr Überzeugungsarbeit und Zuspruch, dass er stillhielt und sich in den Oberschenkel spritzen ließ. Doch er schien sehr schnell zu merken, dass ihm die Spritze bzw. deren Inhalt guttut. Nach einiger Zeit kam er bereitwillig zur täglichen Behandlung an die Trainingswand und ließ sich widerstandslos spritzen.

Nun fehlte noch der allerletzte Schritt: Sumbo sollte unmittelbar nach der Insulinspritze Wasser lassen. Frau Paulsen arbeitete mit allen denkbaren Tricks: sie ließ Wasser aus einer Gießkanne in einen Topf plätschern, ahmte entsprechende Geräusche nach vor und gab ihm jede Menge ungesüßten, leckeren Tee zu trin-

Sumbo hatte Dank der täglichen Insulinspritzen, der bestmöglichen tiermedizinischen Versorgung und der liebevollen Betreuung seiner Pfleger in und mit seiner Familie weitere sechs gute Jahre im Zoo Hannover. Trotz seiner schweren Erkrankung wirkte er lebensfroh und zufrieden.

Wie reden Katzen?

Sie kennen sich seit der fünften Klasse und sind wohl das, was man ziemlich beste Freunde nennt. Sie arbeiten sehr gerne zusammen und daher nehmen die beiden 14-Jährigen, unterstützt und begleitet von Fachlehrern ihrer Schule, an der AG „Jugend forscht" und dem gleichnamigen Wettbewerb teil. Zweimal haben sie bereits den zweiten, einmal den dritten Platz belegt. Und nun sollte es endlich der erste sein: Tomke Budz und Kevin Hou gewannen den Regionalentscheid bei „Schüler experimentieren/Biologie". Die beiden Neuntklässler des Kaiser-Wilhelm- und Ratsgymnasiums freuten sich mit ihren Eltern wie die Schneekönige, als sie im Februar 2022 über die Liveübertragung von ihrer Nominierung erfuhren. Sie hätten „tolle Projektideen entwickelt, sich in die notwendige Technik eingearbeitet und mit viel Durchhaltevermögen und Geduld überzeugende Ergebnisse generiert", heißt es in der Laudatio. Auf der Landesebene erreichten die Freunde den zweiten Platz und ihnen wurde ein Sonderpreis zugesprochen.

„Jugend forscht" wurde 1965 vom damaligen Chefredakteur des „Stern", Henri Nannen, ins Leben gerufen und findet seither alljährlich zunächst auf regionaler, anschließend auf Landes- und schließlich auf Bundesebene statt. Der deutschlandweit bekannteste Wettbewerb richtet sich an Kinder und Jugendliche zwischen zehn und 21 Jahren. Ziel der „Talentschmiede" ist es, sie für naturwissenschaftliche und die MINT-Fächer zu begeistern.

Für Tomke und Kevin waren bei ihren vorangegangenen „Jugend forscht-Projekten" ein Aufräum-Roboter und Corona-Masken die Untersuchungsobjekte gewesen. Für den aktuellen Wettbewerb beschäftigten sie sich mit ihren Katzen: Stripes, dem neunjährigen Kater von Kevin, sowie Janjan und Chocho, Tomkes zwei Jahre alten Koratkatzenbrüdern. Und für „Jugend forscht" stand die Frage im Mittelpunkt: Wie reden eigentlich Katzen?

Ihnen war aufgefallen, dass die Laute und die Lautfolgen, die ihre Katzen von sich gaben, variierten und sich oft sehr unterschiedlich anhörten. Über die App, mit der man Vogelstimmen identifizieren und unterscheiden kann, kamen die Jugendlichen auf die Idee, die Laute aufzunehmen und zu vergleichen. Ihr Ziel war es, besser zu verstehen, wann und wie sich Katzen verständigen. Außerdem wollten sie die These von wissenschaftlichen Koryphäen überprüfen, laut denen Katzen nur mit Menschen und nicht untereinander kommunizieren. Hauptprobanden waren natürlich ihre eigenen Tiere: Stripes, Janjan und Chocho.

Mithilfe eines speziellen Audioprogramms hielten Tomke und Kevin die Lautäußerun-

jugend✱forscht

der Nachwuchswettbewerb in Mathematik, Informatik,
Naturwissenschaften und Technik

URKUNDE

Tomke Budz

hat am Regionalwettbewerb Hannover 2022 teilgenommen

mit einem Projekt aus dem Fachgebiet Biologie

in der Alterssparte Schüler experimentieren

zum Thema

Wie reden Katzen?

und hat den

1. Preis

Preisstifter: Helmholtz-Gemeinschaft Deutscher Forschungszentren

erhalten.

Wettbewerbsleiter/in	**Dr. Sven Baszio** Stiftung Jugend forscht e. V.	Patenbeauftragte/r

Kopie der Urkunde über den ersten Platz des
Regionalwettbewerbs zu „Jugend forscht" in 2022.

Die glücklichen Gewinner von „Jugend forscht": Tomke Budz und Kevin Hou vom Kaiser-Wilhelm- und Ratsgymnasium.

gen in Form von Frequenzdiagrammen fest. Dies erfolgte in verschiedenen Situationen und Stimmungslagen, z. B. hungrig und fordernd oder zufrieden schnurrend nach dem Essen. Die Aufnahmen seien nicht einfach gewesen, berichteten beide, denn sie mussten minutiös geplant und organisiert werden. Auch wenn im Haus Infozettel ausgehängt waren, galt es kurz vor der Aufzeichnung alle Familienmitglieder noch mal daran zu erinnern und um Ruhe zu bitten. Es sollten schließlich nur und ausschließlich die drei Kater zu hören sein und kein Staubsauger, Radio, Rasenmäher oder sonstiges geräuschintensives Gerät. Kein lautes Gespräch oder Klingeln von z. B. Post und Paketdienst durfte die Tonaufnahme stören. Kevin musste noch mehr Aufwand betreiben, da Stripes keine regelmäßigen Essenszeiten kennt so

wie Janjan und Chocho. „Da hieß es dann manchmal, ihm auf Verdacht mit dem Mikro hinterherzurennen", erinnert sich der Neuntklässler, „und das Mikrofon genau im richtigen Moment parat zu haben."

In ihrer Ausarbeitung präsentieren sie ihre Ergebnisse in Frequenzdiagrammen mit X-Zeit- und Y-Dezibel-Achse, mit logarithmischer Skala und Flächenfeldanalyse. Es lässt sich nicht verleugnen, dass die beiden Jungs ihren Schwerpunkt im mathematisch-naturwissenschaftlichen Zweig haben. Haben ihre Beobachtungen eine praktische Relevanz? frage ich die erfolgreichen Jungforscher. Tomke hat da schon eine Idee. Im Umkreis gäbe es reichlich Waschbären, die problemlos über Katzenklappen ins Haus kommen und dort ihr Unwesen treiben könnten.

Eine spezielle Konstruktion mit einem Mikrofon, das nur auf bestimmte Katzenlaute die Klappe öffnet und Waschbären abweist, könnte dies verhindern.

Und das Ergebnis ihrer Untersuchungen? Nun, bewiesen wird eindeutig, dass Katzen auch untereinander und nicht nur mit Menschen kommunizieren. Ihre Verlautbarungen sind situationsgebunden und zweifelsfrei zielgerichtet. In derselben Situation – z. B. vor der zu einer festen Zeit gewohnten Essensausgabe – variieren die Laute abhängig davon, ob sie allein oder in Gesellschaft einer Katze oder eines Menschen sind. Wie Hunde versuchten zudem auch Katzen, über „Sprache" Menschen zu beeinflussen. Zudem lassen sich deutliche Lautunterschiede bei Katzen unterschiedlichen Alters feststellen. Jüngere Katzen erreichen z. B. nicht so eine hohe Frequenz, miauen aber dafür bei einer höheren Frequenz lauter.

Fazit: Trotz der Unterschiede in Alter, Herkunft, Rasse und sozialem Umfeld weisen Lautäußerungen von Katzen in gleicher Situation und Stimmungslage deutliche Parallelen auf. Einzelne Frequenzen in den Diagrammen sind nahezu deckungsgleich. Aber eben nur nahezu. Trotz aller Parallelen ist jede Katze und jeder Kater in seiner „Sprache" ein Individuum. Und das ist auch gut so.

Wieder da!
Lachse, Biber und Störche

Was macht eigentlich ein Stadtjäger, korrekt „Jagdausübungsberechtigter", wenn er nicht jagt? Nun, wer Herrn Pyka begleitet, seit 1994 im Amt und seit 1972 naturverbunden unterwegs, findet schnell eine Antwort auf diese Frage. Er pflegt und hegt sein Revier und kennt es wie kein anderer. Es gehört zum westlichen der drei Hegeringe, in die Hannover unterteilt ist, und ist ein besonders schönes: die Leinemasch. Und die lerne ich an diesem vorsommerlichen Tag Mitte März anders und neu kennen.

Die erste Station ist ein Weiher in der Nähe der Radrennbahn. Hier haben sich offensichtlich Biber langfristig niedergelassen. Vor knapp zwanzig Jahren galten sie als ausgestorben. Jetzt sind sie wieder da – und wie! Hannover haben sie als einen ihrer Lieblingszufluchtsorte erkoren und die Stadt zu einer Biber-Hochburg werden lassen. Jetzt, am späten Vormittag, haben sich die Nager natürlich schon längst verdrückt. Die Aktivitäten der Nacht, ihrer Hauptarbeitszeit, um den Teich herum sind nicht zu übersehen. Es gibt kaum einen Baumstamm, der nicht deutliche

Ein offenkundig wohlgenährter und zufriedener Biber, der bis zu 30 kg schwer werden kann.

Knabberspuren aufweist. Manche davon sind so tief, dass es einen wundert, dass der Baum noch steht. Einige haben den Biberappetit nicht überstanden und sich notgedrungen in den Teich fallen lassen, was, so Herr Pyka, im Sinne der Artenvielfalt neue Biotope fördere. An und um den Stamm würden sich neue Pflanzen und Tiere niederlassen. Während des Rundgangs ist Vorsicht angesagt. Rund um den Teich haben die Biber tiefe Höhlen gegraben, aus denen man, ist man einmal hineingetreten, nicht so leicht wieder herauskommt. Zusätzlich haben die Biber die eine oder andere Rutschbahn aus dem Gesträuch ins Wasser angelegt.

Als Nächstes geht es auf eine an zwei hoch frequentierten Straßen liegende unspektakulär wirkende Wiese. Abgesehen vom gelegentlichen Mähen überlässt Herr Pyka diese völlig sich selbst. Die Wildschweine scheinen das zu schätzen. Über zwanzig haben sich im Schilf hinter dichtem Gesträuch am Rand des ca. 80 ha großen Areals versteckt. Ihre Zugänge auf die Wiese sind deutlich sichtbar. Und immer mal wieder hört man es rascheln und knistern. In wenigen Wochen wird eine Kuhherde noch mehr Leben auf die Wiese bringen.

Stolz ist Herr Pyka auch auf seine Störche. Einer ist zum 20. Mal in der Leinemasch und hält von seinem Hochsitz majestätisch Ausschau auf eben dieser Wiese. Nie sei er nach dem Winter so früh wieder aufgetaucht wie in diesem Jahr, berichtet Herr Pyka. Es geht natürlich darum, den Stammplatz zu verteidigen, denn

„Mal gucken, wer da kommt": Frühmorgendliche Begegnungen am Zaun.

um die Nistgelegenheiten gibt es regelrechte Revierkämpfe. Der Storch-Kollege auf der Nachbarwiese ist erst zum dritten Mal da, doch Herr Pyka ist zuversichtlich, dass auch er ein Dauergast wird. Schließlich sind Störche nesttreu, während der Partner bzw. die Partnerin austauschbar und ziemlich beliebig sind. Die beiden Leinemasch-Störche zieht es übrigens im Herbst nicht weiter als bis Darmstadt, was sicher eine gute Entscheidung hinsichtlich ihrer Lebens- und Arterhaltung ist. Der Weiterflug in südlichere Gefilde

abwärts, bis er sich am Schnellen Graben mit der Leine vereint. Die war in den 70er-Jahren tot und es lebte so gut wie nichts mehr darin. Mittlerweile tummeln sich die gebänderte Pracht- und Königslibelle, der Blattbauch und viele andere seltene Insektenarten in dem Gewässer. Greifvögel, Eulen, Gänse, Hauben- und Zwergtaucher sowie diverse Spechtarten fühlen sich hier wohl.

Zum 20. Mal zu Besuch in der Leinemasch: Der Storch ohne Namen.

Mit etwas Glück, so Herr Pyka, bekomme man sogar einen Eisvogel zu sehen. Und als Vorsitzender des Fischereivereins freut ihn besonders, dass in Leine und Ihme weit über dreißig Fischarten unterwegs sind – wie Steinbeißer, Aalquappe, Flussneunauge sowie Leinelachs und Meeresforelle. Zu Tausenden wurden Letztgenannte als Jungfische in die Fließgewässer der Leinemasch gesetzt, um ihre Populationen wieder aufzubauen. Lange wartete man vergeblich. Nur zehn von hundert, so die grobe Schätzung, erreichen die Nordsee, noch weniger Grönland und oft kein Einziger seine Geburtsstätte, zu der Lachse zum Laichen zurückkehren. Aber Hartnäckigkeit und Geduld des Fischeivereins und der Naturschutzorganisationen zahlten sich aus. Mittlerweile sind Lachs und Forelle in Leine und Ihme wieder heimisch. Jedes Jahr bewältigen einige von ihnen den langen und gefährlichen Weg zurück in die heimischen Gewässer. Wie sie das schaffen? Vielleicht hilft ihnen der Geruch des Wassers. Vielleicht auch der Erdmagnetismus. Oder etwas ganz anderes? Wie schön, dass die Natur noch Geheimnisse vor uns hat.

könnte für sie an einer Stromtrasse, im Kochtopf oder in einem Dürregebiet enden.

Letzte Station des heutigen Tages sind die Umgehungsgewässer, angelegt und entstanden zur Expo 2000. Unweit der lauten Straße plätschert ein Seitenarm der Ihme mit glasklarem Wasser fluss-

Der tapfere Snoopy

Der Fahrradfahrer fand ihn blutend, voller Maden und Fliegen, am Straßenrand liegend in Ungarn. Für ihn war auf den ersten entsetzten Blick klar, dass dieser Hund nicht mehr leben konnte. Doch als er sah, wie sich kaum wahrnehmbar dessen Schnauze bewegte, reagierte der Biker sofort. Die zu Hilfe gerufenen Tierschützer hielten es für unmöglich, für den Hund noch irgendetwas tun zu können, brachten ihn aber ins nächste Tierheim. Dort wurde er gleich nach Ankunft notoperiert. Eine große, blutgefüllte Zyste hinter dem rechten Ohr wurde verarztet. Aus seinem Körper holte man 40 Luftgewehrpatronen, die wundersamerweise kein Organ getroffen hatten. Allerdings mussten zehn Kugeln belassen werden,

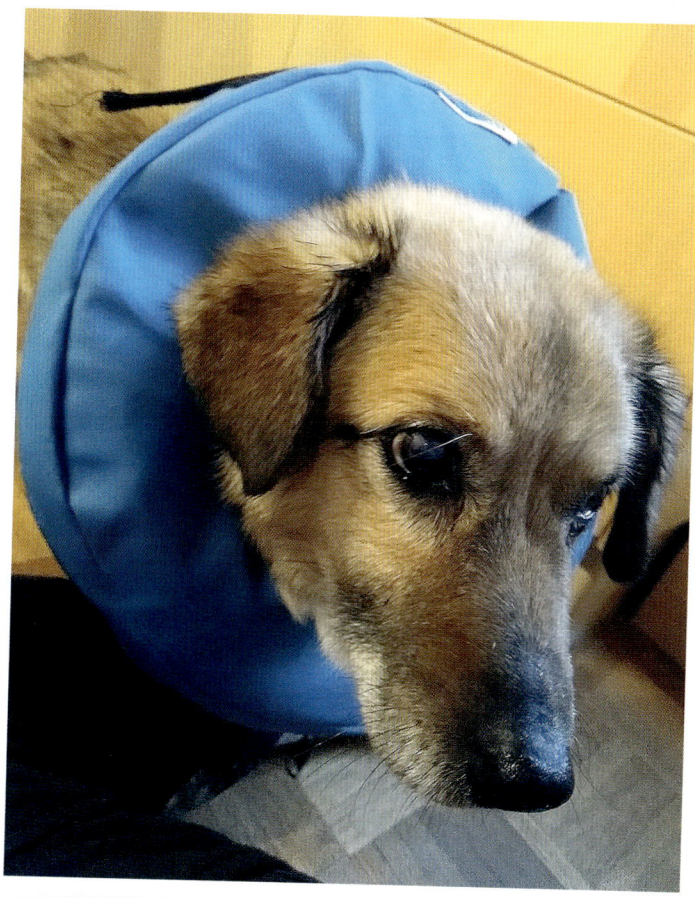

Snoopy, gerettet von dem Tierschutzverein Hundehilfe Bakony, nach der ersten Operation in Deutschland.

Nach der zweiten Operation: Snoopy gibt nicht auf.

wo sie waren, weil es lebensbedrohend für den Vierbeiner gewesen wäre, sie zu entfernen. Für die behandelnden Ärzte war klar, dass jemand zunächst versucht hatte, den Hund mit Schlägen auf den Kopf zu töten, dann ihn zu erschießen. Und das nicht etwa mit einer Schrotflinte, sondern mit einem Luftgewehr. Dass der Hund beides und anschließend außerdem mehrere Tage auf der Straße ohne Wasser und Futter im Winter überlebt hatte, grenzte an ein Wunder. Wie viele Tage ihm mit den Kugeln im Körper blieben,

war ungewiss. Zudem bestand die Gefahr einer Bleivergiftung. Hinzu kam, dass es für den schwer verletzten und kaum bewegungsfähigen Hund anstrengend und nicht ganz ungefährlich war, den Zwinger mit anderen Hunden zu teilen.

Die ungarischen Tierschützer und die Kolleginnen vom deutschen Verein „Hundehilfe Bakony" waren sich einig, dass Sniper – so hatte man ihn in Ungarn genannt – baldmöglichst nach Deutschland gebracht und vor Ort weiterbehandelt werden sollte. Über das Internet wurde eine passende Pflegestelle gesucht. Die Studentin Miriam las von seinem Schicksal und wusste sofort, dass sie ihm unbedingt helfen wollte. So wartete sie an einem ungemütlichen, nasskalten Tag im Januar mit Gabriela Müller, eine der drei Vorstandsfrauen des Vereins, auf den Transporter, der Sniper zusammen mit zwanzig weiteren vermittelten Glücksf(a)ellen aus Ungarn nach Hannover bringen sollte. Da man ahnte, dass Snipers Wechsel vom Transport ins Auto mehr Zeit beanspruchen würde, holte man ihn als Letzten aus seiner Transportbox. Wegen seiner Operationsnarben konnte er nicht getragen werden, vermochte aber auch nicht zu gehen.

„Er schleppte bzw. robbte sich von Schritt zu Schritt, und nach jedem musste er lange ausruhen", erinnert sich Miriam. „Es dauerte eine halbe Ewigkeit, ihn in das Auto zu kriegen." War es richtig, ihn all diesen Strapazen auszusetzen? Wäre nicht vielleicht die euthanisierende Sprit-

Snoopy – noch mit Schutzverband – lernt Hannover kennen.

Endlich! Verband und Trichter sind ab. Das neue Hundeleben kann beginnen.

ze, die ihn von seinen Schmerzen erlöst hätte, die bessere Lösung gewesen? Miriam schüttelt den Kopf. Er hätte trotz seines Zustandes so viel Lebenswillen und Kraft ausgestrahlt, dass man ihm die Chance auf ein liebevolles Zuhause geben wollte.

In ihrer Wohnung hatte sie eine kuschelige Schlafmöglichkeit vorbereitet. Doch die interessierte Sniper nicht. Todmüde und erschöpft, wie er war, inspizierte er seine neue Unterkunft und wählte schließlich das kalte Duschbecken als Schlafstätte. Vielleicht, weil es ihn an den kalten Boden des Zwingers im Tierheim erinnerte?

Oder weil die Kälte seine Wundschmerzen linderte? Was auch immer der Grund war: Sniper schlief tief und fest bis zum nächsten Morgen.

Miriams erste Amtshandlung war es, ihrem Pflegehund einen neuen Namen zu geben. Den Namen „Sniper", auf Deutsch „Scharfschütze", fand sie ziemlich daneben. Fortan hieß ihr Schützling Snoopy und so blieben die beiden Erstbuchstaben erhalten. Zweite Amtshandlung war der seit Langem vereinbarte Termin in der Klinik, und der war offensichtlich dringend nötig. Abgesehen von den Kugeln in seinem Körper und seiner Unbeweglichkeit hörte Snoopy schlecht, hatte Durchfall und mochte am Bauch nicht berührt werden. Miriam bat die Verantwortlichen des Bakony-Vereins, eine Ganz-Körper–CT machen zu lassen. Redliche Tierschutzvereine, zu denen die Hundehilfe Bakony unbedingt gehört, haben grundsätzlich nie Geld übrig und für derartig teure Untersuchungen schon gar nicht.

Über eine Spendenaktion konnte Snoopy die Untersuchung ermöglicht werden, was sich als lebensrettend erwies, denn außer den Kugeln befand sich in seinem Bauch ein Tumor. Und das ausgerechnet an der Milz, einem Krebs, der bei Hunden als die härteste und schlimmste Variante bekannt ist. „Der Krebs ist fast immer bösartig, streut aus, und der Hund hat höchstens noch sechs Monate zu leben", weiß Miriam, die Tiermedizinstudentin. In einer weiteren Notoperation wurden Snoopy Milz und Tumor entfernt. Der Tierarzt schickte Proben zur Analyse ein, war sich aber angesichts der Größe und Beschaffenheit des Tumors sicher, dass dieser bösartig ist.

„Wir haben die ganze Nacht im Auto gesessen und geheult", erzählt Miriam. Selbstredend erklärte sie sich dazu bereit, Snoopy die wenigen Monate bis zu seinem Tod bei sich zu behalten. Sie kümmerte sich liebevollst um ihn und versuchte, ihm sein Restleben so schön wie möglich zu machen. Das eine oder andere musste er noch lernen, denn Erziehung im Sinne von Fürsorge hatte er in seiner Kindheit nie kennengelernt. Trotzdem, so Miriam, habe sie nie einen so freundlichen, ausgeglichenen und in sich ruhenden Hund erlebt wie Snoopy.

Und dann passierte, was keiner zu hoffen gewagt hatte: Der Tumor an Snoopys Milz erwies sich als negativ, also nicht bösartig! „Wir haben wieder geheult, aber diesmal vor Freude", erinnert sich Miriam. Und so lieb sie den tapferen Kleinen auch gewonnen hatte, so konnte sie es sich in ihrer aktuellen Lebenssituation als Studentin nicht leisten, Snoopy zu behalten. Viel zu oft und zu lange hätte sie ihn allein lassen müssen. Ein weiteres Mal wurde für Snoopy eine Unterkunft gesucht, und zwar als zu Hause für immer. Das war alles andere als einfach, weil Snoopy weder Welpe noch gesund war und nicht allzu lange allein bleiben sollte. Aber mit Unterstützung eines norddeutschen Senders fand der Verein eine Hemmingerin, bei der das gesamte „Drumherum" passte.

„Erst mal ein Wochenende auf Probe", einigte man sich.

Am Montag rief die Adoptantin an: Ob man die Probe noch um einen Tag verlängern könne?

Na klar.

Am nächsten Morgen noch mal die gleiche Anfrage. Aber sicher. Als die Hemmingerin am Folgetag bei der Hundehilfe Bakony anrief, wollte sie nur noch eins: den Schutzvertrag erbitten. Einen Tag ohne Snoopy konnte und wollte sie sich gar nicht mehr vorstellen. Und sie bestätigte Miriams Einschätzung: Er sei ein Goldstück. Und er, was würde er sagen? „Endlich zu Hause."

Der Tierfotograf

Sein Rucksack wiegt zehn, das Objektiv 3,5 und die Kamera selbst 1,5 kg. Dazu trägt er Outdoor-Wanderkleidung in Erd- und Tarnfarben und Wanderschuhe mit Doppelprofilsohle. Aiko Sukdolak, Natur- und Tierfotograf, erscheint zu unserem Treffen ausgerüstet wie für Aufnahmen im südafrikanischen Krüger Nationalpark. Dabei geht es heute „nur" auf den Waldberg zwischen Empelde und der B65. Die vormalige Rückstandshalde voller Kali und Bauschutt hat sich seit Beginn ihrer Renaturierung in den 80er-Jahren zu einer begrünten, mit Bäumen und Sträuchern bepflanzten landschaftlichen Idylle gemausert. In coronafreien Sommern finden auf dem Plateau knapp unter seinem Gipfel Lesungen und Kleinkunstveranstaltungen statt. Wer mag, trinkt dazu ein Glas „Monte Kali", den auf dem Waldberg angebauten trockenen Weißwein.

An diesem Tag haben Aiko Sukdolak und ich den Berg, der für Publikumsverkehr

Nächtlicher Blick vom Waldberg Empelde auf das Lichtermeer der Stadt Hannover.

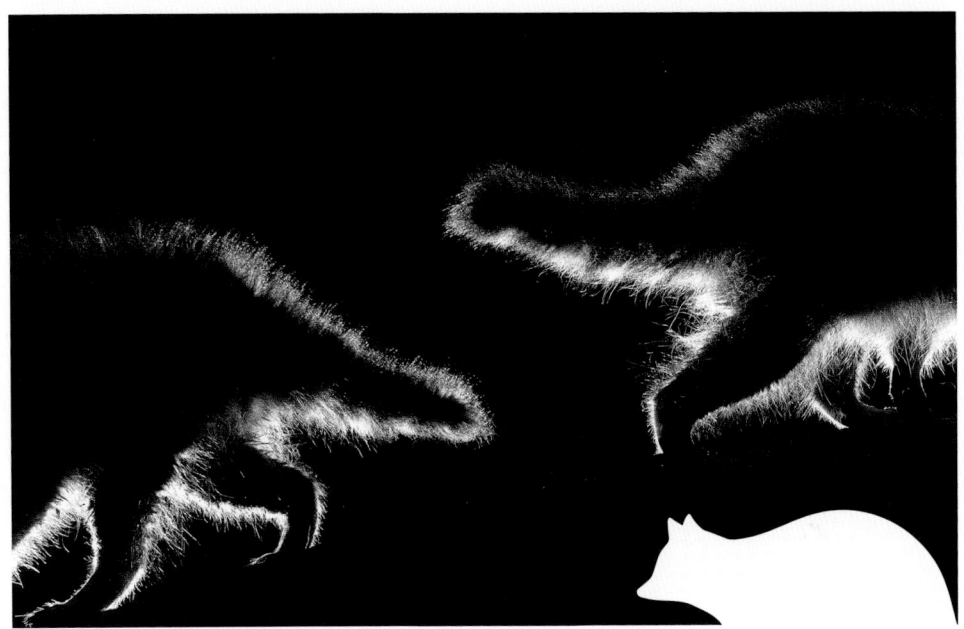
Zwei Waschbären auf getrennten Wegen.

leider oder Gott sei Dank geschlossen ist, ganz für uns. Während wir auf dem Weg nach oben die Einsamkeit und Stille genießen, erfahre ich das eine oder andere aus seiner Arbeit. Aiko Sukdolak fotografiert seit 2012, seit 2019 betreibt er es als Gewerbe. Sein Schwerpunkt ist deutlich die „Kamerafallen-Fotografie". Mit dieser Technik hat er gemeinsam mit dem Foto-Journalisten Max Kesberger das nächtliche Leben im Wald festgehalten und dokumentiert. Ihr von der Deutschen Wildtierstiftung und einer Wildkatzen-Expertin des BUND begleitetes Fotoprojekt stand unter dem Motto „Wenn die Sonne schwindet und die Vögel aufhören zu singen" (www.wildesnachtleben.de).

Von seinen Einsätzen in Hannover hat ihn die Kooperation mit dem Institut für Wildforschung der Tierärztlichen Hochschule besonders beeindruckt. In der Lüneburger Heide hat er sie bei der jährlich stattfindenden Birkhuhnzählung fotografisch begleitet. Wann immer während seiner Erzählung ein Vogel über oder neben uns zu sehen ist, hat Aiko Sukdolak in Rekordtempo das Objektiv vor seinem Auge und gen Motiv gerichtet. „Ein Mäusebussard", heißt es nur knapp. Und „ein Turmfalke". Oder: „Ein Reiher? Was will der denn hier?" Ein oder zwei minutenlang verfolgt er dessen Flug. Es könnte ja ein Supermotiv entstehen. Zwischendurch schimpft er, aber nur ganz kurz. Kann denn der Bussard nicht andersrum fliegen? Dort wäre viel besseres Licht. Nein, kann oder will er nicht. Auch Bussarde haben ihren Willen. An anderer Stelle beugt sich Aiko Sukdolak tief über die Erde und schnuppert. „Hier lief ein Fuchs lang", ist er sich sicher. Woher er das weiß? Er riecht es.

„Hm … langweilig. Wo bleiben meine Kumpels?". Ein junger Dachs wartet auf (seine) Spielkameraden.

Knapp unterhalb der Bergspitze geht es mit einer Traumaussicht auf Rathaus, Marktkirche und Telemax durch Gestrüpp und Gesträuch weiter. Ein Weg ist nicht mehr vorhanden, und schwindelfrei sollte man auch besser sein. Aiko Sukdolaks' am Berghang befestigte Kamerafalle in ca. 20 cm Höhe ist so gut getarnt, dass sie kaum zu sehen ist. Das wasserfeste Gehäuse hat er selbst gebaut, berichtet er stolz, die Kamera darin befestigt und mit Bewegungsmelder und Sensoren versehen. „Sobald ein Tier vorbeikommt, wird über den Sensor die Kamera ausgelöst."

Aiko Subdolak schwebt ein ganz bestimmtes Motiv vor. Das Tier vor nächtlichem Himmel und im Hintergrund das Lichtermeer der Stadt. 350 Aufnahmen hat die Kamera gespeichert. Gespannt schauen wir einige davon an – ich selbst kniend, Aiko liegend. Vor allem Hasen und Waschbären sind zu sehen. Aber wirklich zufrieden ist er nicht. Also bleibt die Kamerafalle, wo sie ist und bekommt einen neue Speicherkarte. Anschließend heißt es, die Zecken einsammeln, die blutgierig auf seiner Kleidung krabbelnd nach Öffnungen suchen. Vorsichtig spreche ich an meinen Begleiter die Empfehlung aus, sich nicht mehr hinzulegen. Doch die Boden- und Zeckennähe lässt sich nicht vermeiden. Aus anderer Position kommt Aiko weder an den Auslöser noch in die Nähe des Fuchsbaus.

Auf dem Weg zur nächsten Bergetappe und zur zweiten Kamerafalle erzählt er von früheren Fotoexkursionen auf dem Waldberg. Ein Uhu, der auf dem Berg gebrütet hat und dessen Nachwuchs – mittlerweile erwachsen – jedes Jahr vorbeikommt. Eidechsen und Blindschleichen. Jede Menge Insekten, deren Name er manches Mal googeln muss. Besonders gern beobachte er junge Dachse. Sie seien verspielt und kreativ. Dauernd denken sie sich neue Spiele aus. Am liebsten würden sie Bock springen, klettern, fangen, ringen und sich verstecken. Hauptsache Action. Und sie könnten herrlich kichern. „Wirklich außergewöhnliche Tiere", findet der Fotograf. Sein Lieblingsbild allerdings zeigt Jungfüchse. Es wurde beim Fotowettbewerb der Niedersächsischen BINGO Umweltstiftung 2019 ausgezeichnet.

Gibt es ein Tier, das er nicht mag? Der Seelzener verneint. Jedes Tier sei wichtig und hätte eine Funktion. Ich protestiere.

Auf die Zecke könne man nun doch wirklich verzichten. Er lacht und sagt: „Na gut, dann habe sie eben keine andere Daseinsberechtigung, als einfach da zu sein."

Der Kontakt mit den Tieren, die Chance, sie zu beobachten und einzelne Momente ihres Alltags unbemerkt von ihnen einzufangen, fasziniert ihn sehr. Und lässt ihn zur Ruhe kommen. „Dann vergesse ich alles um mich herum." Habe ich das nicht schon mal gehört?

Auf meinen Abschied reagiert er nicht übermäßig traurig. Allein hat er ganz sicher bessere Chancen, die Füchse zu entdecken. Wenn sie denn da sind. Vielleicht haben sie gerade zu tun und sagen den Hasen gute Nacht.

Sehr sehr niedliche Fuchswelpen – und dazu noch preisgekrönt.

Von der Droschke zur Pferdebahn

Ob auf Spiekeroog oder am Deich, im Harz oder in der Lüneburger Heide – Fahrten auf altertümlich gestylten Kutschen, gezogen von gestriegelten und schmucken Pferden, sind bei Touristen, Brautpaaren und Ausflüglern gleichermaßen beliebt. Sie vermitteln die nostalgische Stimmung einer vergangenen, autofreien und gemütlich erscheinenden Welt und Zeit.

Und wie war das in Hannover?

Zu Beginn des 19. Jahrhunderts war unsere Stadt klein und überschaubar. Nahezu alles war, wenn auch oft mit großem Aufwand, zu Fuß zu erledigen. Eine Kutsche konnten sich nur wohlhabende Bürger leisten. Die erste öffentliche und für den allgemeinen Gebrauch nutzbare Pferdedroschke hielt am 20. Novem-

Unterwegs mit dem Pferdeomnibus vom Engelbosteler Damm in die Große Barlinge.

ber 1842 auf dem Neustädter Markt. Ein knappes Jahr später waren bereits 180 ihrer Art zwischen 24 Haltestellen unterwegs.

Mit der Eingemeindung der Vorstadt, bestehend u. a. aus Königsworth, Schloßwende, Bütersworth, Kirchwende und Bult im Jahr 1859, und der Vergrößerung der Stadtfläche um das nahezu Fünffache, war die Zeit der kurzen Fußwege endgültig vorbei. Außerdem war die Einwohnerzahl Hannovers deutlich angewachsen. Die vier Plätze, die die Droschken jeweils boten, deckten bei Weitem nicht den Bedarf. Es musste also etwas Größeres her. Verstärkt kamen nun Pferde zum Einsatz. Geschäftstüchtige Droschkenbesitzer ließen sich vom Magistrat einen Pferdeomnibus genehmigen, der zunächst halb-, dann viertelstündlich vom Hauptbahnhof zum Schwarzen Bären in Linden und zurück verkehrte. Die Haltestelle „Unterm Schwanz" erwies sich als beliebteste und lukrativste, denn viele nutzten die jüngst erfolgte Anbindung Hannovers an das Eisenbahnnetz für Ausflüge. Vom Bahnhof aus ging es dann zum Waldcafé Tivoli am Schiffgraben, zum Lister Turm oder Limmer Brunnen, an dessen schwefelhaltiger Quelle sich eine Art Kurbetrieb entwickelt hatte.

In der Georgstraße am Theater, 1895.

Die Einzelfahrt kostete zwischen zehn und 25 Pfennigen. Wer erst später zusteigen wollte, brauchte nur zu winken. War kein Platz mehr frei, so erkannte man das durch ein Fähnchen auf dem Dach.

Gerne genutzt wurde der Omnibus von den Frauen, die auf dem Markt und oder in der 1892 eröffneten Markthalle einkauften. Möglich waren außerdem, wenn auch seltener, Fahrten ins Umland, z. B. nach Bissendorf, Langenhagen, Walsrode oder Eldagsen.

Ab 1872 erweiterten Pferdeeisenbahnen das Fortbewegungsangebot der Stadt. Sie bewegten sich auf einer Fahrbahn mit eisenbeschlagenen Holzschienen. Jeweils zwei Pferde zogen die einzelnen der acht Wagen. Die anfänglich 8 km lange Fahrbahn, die Döhrener Turm, Herrenhäuser Gärten, Aegientorplatz und den Bahnhof am Altenbekener Damm – den späteren „Bismarckbahnhof" – verband, wurde schnell auf insgesamt 34 km und eine Vielzahl weiterer Stationen verlängert. So kam man alle sechs bis zehn Minuten in die List, nach Linden, zum Zoo, Pferdeturm oder zum Aegie.

Die Bahnen verfügten über durchschnittlich acht Wagen mit jeweils 18 Sitz- und zehn Stehplätzen. Der einzelne Wagen wurden zumeist von zwei Pferden gezogen. 80 Pferde, vorwiegend Jütländer, waren für den Bahnverkehr im Einsatz. Zeitgenossen beschrieben sie als „kräftig und gemütlich, dauerhaft und taten ihre Arbeit". Sie machten weit mehr als das. Täglich bewältigten sie mindestens 20 km bei einer Geschwindigkeit von bis zu 10 km/h. Um zu „funktionieren", wurden sie laufend durchgewechselt. War es im Sommer sehr heiß und die Zugpferde schneller erschöpft, wurden ihnen eimerweise Wasser über den Kopf geschüttet. Die vorgeschriebenen Ruhepausen wurden gewiss nicht eingehalten, und manches Mal war statt der vorgeschriebenen zwei Zugpferde auch nur eins vorgespannt. Oft bewegten sie zudem mehr an Gewicht als erlaubt, weil die Bahnen hoffnungslos überfüllt waren. Und selbst dann wurden die Kutscher angehalten, Unentschlossene „durch Winken mit der Hand zum Einsteigen einzuladen". Dadurch könne „die Einnahme der Wagen deutlich vermehrt" werden. Aber wenigstens gab es, um die Pferde funktionstüchtig zu halten, ordentlich zu fressen: 7,5 kg Hafer, 4,5 kg Heu, 4 kg Stroh, 0,5 kg Erbsen, ein paar Rüben, Leinkuchen und Kleie. Und ein Dach über dem Kopf gab es auch: Untergebracht waren die Pferde außerhalb ihrer Dienstzeit in Stallungen nahe des Döhrener Turms.

Die durchschnittlich 250 Taler, die die Betreiber für ein Pferd aufbringen mussten, rentierten sich schnell. Bereits am ersten Betriebstag der Pferdebahnen wurde ein Umsatz von 360 Talern gemacht. Dem Pferdegefährtpersonal wurde weder eine besondere Affinität zu Pferden noch Kenntnisse im Umgang mit den Tieren abverlangt. Immerhin gab es Dienstvorschriften: Kutschern wurde „das Knallen mit der Peitsche auf der Strecke" untersagt, „da dies durchaus keinen Zweck hat". Schaffner sollten sich „des Genusses berauschender Getränke und des Gebrauchs gemeiner Worte" streng (…) enthalten und „alle Fragen der Passagiere, es seien diese auch noch so geringfügig, (…) artig und höflich (…) beantworten". Und von den Conducteuren erwartete man absolute Reinlichkeit. So beklagte ein Depotaufseher am 2. Februar 1888, dass bei einem Conducteur A. „sein Zeug sehr schmutzig und sein Gesicht (…) eine Farbe (hatte), als wenn er sich heute nicht gewaschen hätte". Zusätzlich musste er 50 Pfennig Strafe zahlen, weil er die Billets im Wagen hatte liegen lassen.

Mit dem ausgehenden 19. Jahrhundert verschwanden die pferdebetriebenen Fahrgeräte aus Hannover wie in fast allen deutschen Städten. Nunmehr bahnte sich die zunehmende Elektrifizierung des Alltags an. Die letzte Pferdebahn fuhr 1897. Viele Hannoveraner trauerten ihr nach. So wie Hermann Löns, der unter seinem journalistischen Pseudonym Fritz von der Leine melancholisch dichtete: „Es fährt sich so gemütlich/mit der Straßenbahn/Man winkt nur mit dem Finger/Dann hält der Wagen an." Aber gemütlich war es nur für die Nutzer. Für die Kutscher und die Pferde war es nur eins: hart und anstrengend.

Wasserbüffel im Calenberger Land

Sören Baumgarte schüttelt den gefüllten Eimer ein paar Mal hin und her. Interessiert heben in ca. 200 Metern Entfernung Tina, Gesine, Timmi, Conni und Lore den Kopf. Was und wen sie sehen, gefällt ihnen offensichtlich, denn sie machen sich umgehend auf den Weg. Die übrigen zwanzig Wasserbüffel schließen sich an. Das Tempo ist ihren 700–800 Kilogramm Körpergewicht angepasst. Schnell, aber nicht zu schnell. Als Erster ist Timmy, der Deckbulle, am Zaun. Vielleicht auch deshalb, weil sich Tina, Gesine und die an-

deren Damen zurückhalten, um ihm als einzigem Mann mit wichtiger Funktion den gebührenden Vortritt zu lassen. Das Geräusch aus dem Eimer verheißt nämlich eine Leckerei zwischendurch. Es gibt Melasseschnitzel. Das wie Lakritze aussehende Nebenprodukt aus der Zuckergewinnung kommt bei Wasserbüffeln offensichtlich gut an.

Den Hof in Linderte führt Familie Baumgarte seit 1856 in sechster Generation. Seit 2012 halten sie Wasserbüffel. Angefangen

Doris und Fritz Baumgarte inmitten ihrer „Wasserbüffelfamilie" in Linderte.

Kalb Viola lernt das Wasserbüffelleben in Linderte kennen.

kommt portionsweise und haushaltsgerecht als Steak, Roulade, Gulasch oder Mett versiegelt und verpackt in den Baumgartenschen Großkühlschrank und wird zum Verkauf angeboten.

Ich staune, dass Sören Baumgarte, der als Betriebswirt in die Fußstapfen seiner Eltern tritt, nahezu jedes Tier namentlich kennt und von den anderen unterscheiden kann. Aber dicht mir gegenüberstehend und nur durch den Zaun getrennt, nehme auch ich einzelne Unterschiede wahr. Die Köpfe der Wasserbüffel haben eine individuelle Form, die Hörner sind unterschiedlich gebogen und positioniert. Alle haben sie ganz ohne Tusche und sonstige Hilfsmittel wunderschöne Wimpern. Die Augen spiegeln ihre in sich ruhende Mentalität. Geduldig und wohlerzogen stehen sie nebeneinander am Zaun. Kein Kampf oder Streit entsteht bei der Verteilung der Leckereien, obwohl es vorne bei uns bestimmt ein paar mehr gibt als in der hinteren Reihe. Nur das mit sieben Monaten jüngste Büffelmädchen Lianda bekommt einen Rüffel, als es wagt, an seinem Vater Timmy vorbei ein Melasseteilchen ergattern zu wollen.

haben sie mit elf Muttertieren und einem Deckbullen, mittlerweile sind es 25. Bei dem einen Deckbullen pro Herde ist es geblieben. „Sonst gäbe es nur Stress", ist sich Sören Baumgarte sicher. Die Büffel pflanzen sich auf natürlichem Weg fort. Zehn Kälber gibt es durchschnittlich im Jahr. Acht Monate verbleiben die Kleinen bei ihrer Mutter, dann geht es auf eine andere Weide. „Inzucht sollte vermieden werden", erklärt Sören Baumgarte. Und unter mehreren Büffelbullen käme es ständig zu Streitigkeiten. Timmi ist nun mal der Alleinherrscher im Ring bzw. auf der Weide. Und das Muttertier sei nach acht Monaten ganz froh, den Nachwuchs nicht mehr in unmittelbarer Nähe zu haben. „Irgendwann nerven die Lütten dann auch."

Zwei- bis dreimal Im Jahren werden einzelne Büffel wenige Kilometer entfernt in Pattensen geschlachtet. Ihr Fleisch

Sören Baumgarte hat keinen Liebling unter den Büffeln, seine Mutter hat eine Schwäche für Tina. Wirklich erklären kann sie es nicht, doch das können und brauchen Seelenverwandte ja auch nicht. Wunderschön anzusehen ist, wenn Tina ihren Kopf auf Doris Baumgartes Schulter legt. Seit Beginn der Wasserbüffelzucht ist sie für die Namensfindung der tierischen Familienmitglieder zuständig. Seinerzeit fand sie beim Aufräumen des Dachbodens zufällig „Milchleistungsbücher" der Hofkühe aus den 30er- und 40er-Jahren. „Da war mir gleich klar, dass unsere ersten Wasserbüffeldamen genauso heißen sollten", erinnert sich Doris Baumgarte, „Nämlich Grete, Rosa, Röschen, Lore und Gesine". Nachfolgend orientiert sich die Namensgebung an den Wasserbüffeleltern: Vornamen aller männlichen Nachfahren von Timmi beginnen mit „T", die seiner Töchter mit dem Anfangsbuchstaben der jeweiligen Mutter.

Ursprünglich kommen die Wasserbüffel aus Asien, haben sich aber zunehmend in Europa etabliert. Für Wasserwiesen und Nutzflächen erweisen sie sich als deutlich robuster und weniger krankheitsanfällig als Hausrinder. Zudem können sie im Winter auf der Weide belassen werden. „Sie sind sehr genügsam", beschreibt der 29-Jährige seine Schützlinge. Entspannt und gemütlich soll bitteschön alles ablaufen, ohne Stress oder übertriebene Eile. Gelassenheit ist angesagt. Nur der Bulle habe ab und wann „seine Tage". Dann sei es besser, ihn in Ruhe zu lassen.

Selbst beim Fressen lassen sich Gesine, Emmy und Co. Zeit. Sie sind wie alle Wasserbüffel Vegetarier und ernähren sich von Gräsern, Kräutern und Wasserpflanzen. Sie wiederkäuen vorsichtig und bedächtig. Wenn mal eine Fliege, Heuschrecke oder Mücke darunter ist, ist das ein Versehen. Wegen der langsamen Nahrungsaufnahme der Wasserbüffel haben Insekten und Frösche eine reelle Chance und können sich rechtzeitig vor dem eventuellen und unbeabsichtigten Mit-Gefressen-Werden aus dem Staub bzw. aus der Maulnähe machen. Ihr Überleben kommt der Natur und Umwelt zugute. „Wasserbüffel betreiben eine Art Landschaftspflege für sumpfige Wiesen und Weiden" , erklärt Sören Baumgart. „D. h. ihre Art der Nahrungsaufnahme und Verdauung sichert die Biodiversität, also die Artenvielfalt."

Die Idee, sie derart einzusetzen, entstand aus vielen Gesprächen mit der Region Hannover, dem Gewässer- und Landschaftspflegeverband Mittlere Leine 52 (GLV52). Die Wasserbüffel der Familie Baumgarte sind mittlerweile in und um Hannover bekannt und werden sogar ausgeliehen, um z. B. an der biodynamischen Pflege der Leinemasch mitzuwirken.

Tina, Gesine, Timmi, Lore und Co. ist ihre wertvolle ökologische Funktion ziemlich egal. Hauptsache, die Weide ist schön grün und feucht, es gibt hin und wieder eine Leckerei und ein paar Streicheleinheiten. Und, ganz wichtig: Wasser. In dem Tümpel auf der 20 ha großen, bis Evestorf reichenden Weide planschen gerade genüsslich mehrere der Büffeldamen. Kommt eine dazu, wird sie freundlich aufgenommen. Nur zum Schwimmen – was sie hervorragend können – ist es ihnen wohl heute zu heiß. „Sie haben ihre Badesaison auf jeden Fall schon vor dem 1. Mai eröffnet", lacht Sören Baumgarte. Bereits bei 6 Grad gingen sie ins Wasser. Keine Frage, es sind glückliche Tiere. Und bis zu ihrer Schlachtung haben sie ein wunderschönes und artgerechtes Leben.

Amelie und der Stadtteilbauernhof

Zu Hause haben sie einen Hund und einen Wellensittich, doch das reichte Amelie nicht. Und eigentlich gehöre der Hund hauptsächlich ihrer Mutter. Vielleicht wollte sie einfach ein bisschen raus und weg. Und als ihr eine Mitschülerin von dem Bauernhof gleich um die Ecke erzählte, schaute sie einfach dort vorbei. Das ist jetzt knapp zwei Jahre her. Und seither kommt sie bis auf Mittwoch, wenn für den Publikumsverkehr geschlossen ist, jeden Tag.

Ursprungsland des Hobbyhorsing ist Finnland, das bereits Wettbewerbe und Meisterschaften in der neuen Fun- und Trendsportart durchführt. Zunehmend fasst es in ganz Europa Fuß und wird in Deutschland bereits von zahlreichen Vereinen angeboten. Besonders beliebt ist es bei Mädchen. Angelehnt an die klassischen Reitdisziplinen Dressur, Springreiten und Parcours werden mit einem zumeist selbst gebastelten Steckenpferd typische Bewegungsabläufe von Pferd und Reiter in gymnastischen Übungen nachgestellt. Im Freigelände erfolgt die Umsetzung sehr sportlich. Gefördert und gefordert werden mit dem Hobbyhorsing Ausdauer, Koordination und Konzentration. Ob sich das Freizeitvergnügen ohne Pferde durchsetzen wird, wird sich zeigen.

Der Stadtteilbauernhof heißt nachmittags zur „Offenen Tür" alle Kinder und Jugendlichen ab sechs Jahren willkommen, egal, woher sie kommen und wie oder wer sie sind. Doch wer mehr möchte, muss ein bisschen mehr machen. Da gilt es nicht nur mit Ziegen oder Schafen zu kuscheln, sondern regelmäßig zu putzen, die Stallplätze für die Tiere einzustreuen und, wie Amelie deutlich sagt: „Kacke wegzumachen". Wer das geschafft hat, darf u. a. voltigieren oder beim Ziegen-Zirkus mitmachen. Hier treffen sich Gleichgesinnte und Gleichaltrige. Aber die Begegnung mit Tieren scheint Amelie ein klein wenig wichtiger zu sein. Am allerliebsten sind ihr die Spaziergänge mit den Eseln Franzi und Fridolin. Den ersten Ausgang wird sie nie vergessen. „Einfach mega" sei das gewesen: Die Esel hätten ihr sofort vertraut und seien mitgegangen, als würden sie sich seit Jahren kennen.

Wenn sie heute mit Franzi oder Fridolin unterwegs ist, erzähle sie ihnen oft von ihrem Tag. Manchmal ärgere sie sich z. B. in der Schule, wo es zuletzt nicht so gut

Amelie und ihr Lieblingsesel Fridolin im Stadtteilbauernhof.

gelaufen ist, und deshalb habe sie auch mal schlechte Laune. „Doch wenn ich bei den Tieren bin, ist das alles weg und ich kann abschalten", erklärt mir Amelie. „Die Tiere", das sind insgesamt 50 Hühner, Schafe, Ziegen, Minischweine, Esel und Ponys, die der Stadtteilbauernhof am Rand einer nicht so ganz schönen Plattenbausiedlung im Sahlkamp in Hannover hält, um Kindern den unmittelbaren Kontakt zu Tieren zu ermöglichen.

Elf Jahre ist sie alt, aber Amelie wirkt und spricht erwachsener. Liegt das an ihrer

Arbeit mit den Tieren? Darauf weiß Amelie keine Antwort. Aber jetzt mag sie nicht darüber nachdenken. Gleich beginnt nämlich ein Kurs, den sie ins Leben gerufen hat und betreut: hobbyhorsing. Hm, denke ich, noch nie gehört.

„In Finnland gibt es darin sogar nationale Meisterschaften", klärt mich Amelie auf und zeigt mir ihr selbst gebautes Steckenpferd aus Holz. Sie entdeckt und begrüßt die ersten Kursteilnehmer. Und dann hat sie auch wirklich keine Zeit mehr für mich.

Schulhündin Süli

„Bitte erschrecken Sie nicht, wenn Süli Sie anbellt", warnt mich Frau Vokkert, Lehrerin an der Grundschule Am Welfenplatz. Macht Schulhündin Süli aber gar nicht. Sie schnuppert kurz an meiner Jeans und akzeptiert stillschweigend meine Anwesenheit. Schließlich hat sie als Hütehündin eine große Verantwortung für Revier und Rudel. Ihr Rudel, das sind die Kinder der 4c, die sie vom Einschulungstag an ihre gesamte Grundschulzeit begleitet hat. Sie waren vor vier Jahren die Glücklichen, die ausgelost wurden als Klasse „mit Hund". Und natürlich waren die entzückende Hündin im Speziellen und Hunde im Allgemeinen häufig Thema. Im Deutschunterricht wurde das Buch „Ich bin hier bloß dein Hund" gelesen und anschließend eine eigene Geschichte aus der Sicht von Süli verfasst. In Mathematik unterstützte die Hündin Frau Vokkert, indem sie mit Zahlen beschriftete Schaumstoffwürfel bewegte und von Schülern richtig benannte Lösungen mit „take five" bestätigte. Im Sachunterricht durfte ein Mädchen ihren Welpen in die Schule mitbringen, der gehörig von Süli verbellt wurde. „Naja, sie musste ja ihr Territorium verteidigen und uns beschützen", erklärt die Neunjährige. Man merkt, hier kennt man sich mit Hunden aus.

Süli erwies sich schnell als unentbehrlich. Zeigten ihr Schüler ihre Arbeitsergebnisse oder Hausaufgaben, reagierte sie mit einer Kopfbewegung. Von oben nach unten hieß „ok". Von links nach rechts oder rechts nach links: „Naja, das kannst du aber besser." Die Viertklässler waren sehr beeindruckt. Sie nahmen Sülis Einschätzung an und ernst – ernster vielleicht als die der Menschenlehrer. Frau Vokkert gesteht, dass sie Süli zu Hause antrainiert hat, auf bestimmte Zeichen den Kopf so oder so zu bewegen. Ihre Schüler bestürmen sie, die Zeichen zu verraten, was ihre Klassenlehrerin lachend verwehrt: „Ich unterrichte bestimmt noch eure Geschwister! Da brauchen Süli und ich unsere Geheimnisse."

Hüte- und Schulhündin Süli.

Zwei der 22 Kinder haben einen Hund. Auf die Frage, wer sich vorstellen könnte, später einen eigenen zu haben, gehen nahezu alle Finger hoch. Keine Frage, Schulhündin Süli hat deutliche Spuren hinterlassen.

Nun soll sie aber auch endlich vorgestellt werden! Süli ist 12 Jahre alt und stammt aus Ungarn, wo sie auf der Straße gelebt hat. Als sie angefahren wurde, kam sie ins Tierheim, in die Vermittlung und schließlich zu Frau Vokkert. Acht Jahre, also doppelt so lang wie die Kinder, ist Süli an der Grundschule im Einsatz. Was den Mädchen und Jungen besonders an ihr gefällt? Sie sei so kuschelig und weich und unheimlich lieb. Sie ließe sich immer streicheln. Nur ganz selten würde sie flüchten. Sie mag nicht gern fotografiert werden und Männer und Staubsauger sieht sie eher kritisch. Lärm schätzt sie gar nicht, was anfangs ein Problem war, weil Sechs- bis Siebenjährige in größerer Zahl nicht gerade zur geräuschlosen Meditation neigen.

Frau Vokkert lobt ihre Klasse. Sie hätten ganz schnell gelernt, auf Süli Rücksicht zu nehmen und sich ohne viele Ansagen stets ruhiger zu verhalten, wenn sie merkten, dass es der Hündin zu viel und zu turbulent wurde. So wie wohl in diesem Moment, in dem Süli ihr grünes Kuschelkissen in der Mitte des Raumes verlässt und sich in eine unbeobachtete Ecke verzieht. „Manchmal ist sie ganz schön faul", kommentiert ein Mädchen ihr Verhalten. Wir sind uns aber schnell einig, dass sie das mit ihren umgerechnet ca. 80 Menschen-Lebensjahren sein darf.

Süli bei der Vorbereitung von Mathematikaufgaben.

Was fällt den Kindern sonst noch zu Süli ein? Was werden sie nie vergessen? „Als ich mich nach der Corona-Impfung schlecht gefühlt habe, lag sie fast den ganzen Tag unter meinem Stuhl und hat sich streicheln lassen" erinnert sich Merle. „Sie hat mich getröstet, als ich traurig war, und hat sich von sich aus auf meinen Schoß gelegt", schreibt Celine, „Wenn Süli da ist, kann ich besser arbeiten", lautet Matthias Einschätzung. Und Paul: „Wegen Süli möchte ich am liebsten an der Grundschule Am Welfenplatz bleiben. Aber ich muss in die andere Schule, damit ich eine gute Arbeit kriege." Und mehrere Kinder stellen fest: „Süli ist immer für uns da."

In der ganz schlimmen Corona-Zeit, als die Kinder zu Hause lernen mussten, schrieb Süli ihnen täglich Briefe: „Ich finde es fast

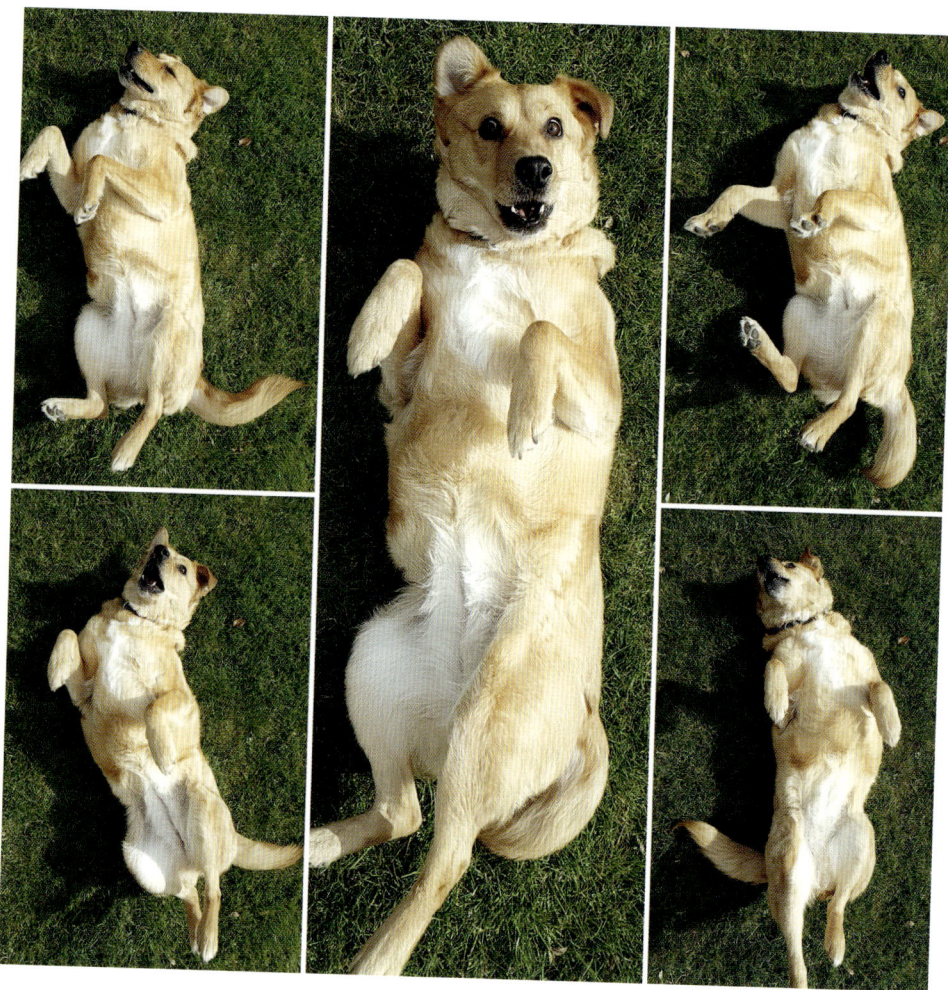

„Habe ich nicht einen schönen Bauch?"

ein wenig unheimlich, wenn keiner durch die Eingangshalle läuft und es so still ist", berichtet sie von ihren Besuchen in der vereinsamten Schule. „Es ist so leer hier. Ihr fehlt mir sehr." Den Viertklässlern ging es nicht anders. „Sie ist einfach etwas ganz Besonderes", sind sich alle einig. „Und wir werden Süli nie vergessen."

Schon jetzt ist klar, dass und wie die Hündin ihnen fehlen wird, wenn es nach den Sommerferien an einer neuen Schule ohne Vierbeiner weitergeht. Doch noch ist es nicht so weit. Und bis dahin hat Süli hat gut zu tun mit der Korrektur von Texten, dem Auswürfeln von Matheaufgaben oder damit, sich einfach kraulen zu lassen.

Und – nicht zu vergessen – auf Klassenfahrt zu gehen. Natürlich mit ihrem Rudel, der 4c und ihrer „Chefin" Astrid Vokkert. Und darauf freuen sich alle.

Die Spinnen, die Raupen

Zwei Maulbeerbäume wachsen links- und rechtsseitig des Paradiesweges im hannoverschen Berggarten. Gegen die Riesenbäume um sie herum wirken sie fast zierlich. Nichts an ihnen lässt erahnen, welche Berühmtheiten sich mit ihnen beschäftigt haben. Einer von vielen war Karl der Große, der seinen Untertanen die Anpflanzung dieses Baumes ans Herz legte, da die Früchte ihre zumeist kargen Speisepläne bereichern und beleben konnte. Der Philosoph Georg Wilhelm Leibniz (1646–1716) hingegen hatte mit den Maulbeerbäumen ganz anderes im Sinn. Sie sollten ihm und dem hannoverschen Königreich zu Seide, Wohlstand und Renommee verhelfen.

Jahrhundertelang besaß China das Monopol auf die Herstellung des glänzenden Stoffes. Als eines seiner wertvollsten Exportgüter war das kostbare Textil buchstäblich Gold wert. Seidene Garderoben rangierten in den Kleiderordnungen der damaligen Zeit ganz weit oben. Sie gehörten zur Grundausstattung des Hochadels wie der hohen Ränge des Militärs, deren Strümpfe, Haar- und Ordensbänder daraus gefertigt waren. Besonders gut Betuchte gestalteten die Wände ihrer Räumlichkeiten mit dem begehrten Stoff.

Wie sie Seide produzierten, hielten die Chinesen streng geheim; wer es verriet, wurde zum Tode verurteilt. Zwei

Weiße Maulbeere in Blüte.

Die echten Spinner!

Die reinste Seide produziert die Raupe des Maulbeerspinners „Bombyx mori". Er gehört zur Familie der „Echten Spinner". Grau-weiß, stark behaart und mit gedrungenem Körperbau kann er mit der Anmut und Farbenpracht eines Pfauenauges nicht mithalten. Aber haben etwa nur hübsche Tiere und Pflanzen eine Daseinsberechtigung? Ohnehin lebt er nur ein bis zwei Wochen. In diesen frisst er nichts und ist nur mit seiner Fortpflanzung beschäftigt. Wenige Tage nach der bis zu acht Stunden dauernden Paarung legt das Weibchen etwa 400 bis 500 Eier aus. Wenig später stirbt es.

Ein Jahr dauert es, bis die stecknadelgroßen Raupen aus den befruchteten Eiern schlüpfen. Innerhalb eines Monats fressen die Nachkommen eines einzigen Seidenspinnerfalters zwei bis fünf Kilogramm Maulbeerblätter und nehmen dabei das 10.000-Fache ihres Gewichts zu, das sie im Schlüpfstatus hatten. Nach 30–35 Tagen und insgesamt vier Häutungen beendet die Raupe ihre Fressorgie und beginnt sich einzuspinnen. Innerhalb von vier Tagen produziert sie einen einzigen bis zu einem Kilometer langen Seidenfaden. Dabei dreht die Raupe ihren Vorderleib mehrere Hunderttausend Male um sich selbst. Der entstehende Faden ist so leicht und dünn, dass er, würde er von Frankfurt nach New York gespannt, nur 1,5 kg wiegen würde.

Während der Verpuppung löst sich die Raupe mithilfe ihrer Verdauungssäfte bis auf eine als Histoblasten bezeichnete Zellansammlung auf. Die beeindruckende Metamorphose endet in und mit einem völlig neuen Lebewesen. In der Seidenindustrie wird nur einigen wenige Faltern das Schlüpfen zugestanden, die meisten werden im Raupenstadium nach Fertigstellung des Kokons getötet.

persischen Mönchen gelang es der Überlieferung nach dennoch, im 6. Jahrhundert über die sagenumwobene Seidenstraße Raupeneier nach Europa zu schmuggeln. So verbreitete sich das Wissen um die Herstellung von Seide und fiel Jahrhunderte später bei Georg Wilhelm Leibniz auf fruchtbaren Boden. Der Universalgelehrte, den Herzog Johann Friedrich aus Berlin abgeworben hatte, ging der Idee, Seide im eigenen Land zu produzieren, sowohl in Berlin wie auch in Hannover begeistert nach. 1706 ließ er im Berggarten eine Plantage mit 1500 Maulbeerbäumen anlegen. Deren Blätter sollten den Hunger der unersättlichen Raupen in der Königlichen Seidenraupenmanufaktur in Hameln stillen und diese wiederum das Rohmaterial für Bekleidung und Dekoration des Kurfürstentums Hannover liefern. Die Abhängigkeit von China und Italien sollte – so hoffte man – endlich ein Ende haben.

Maulbeere.

Maulbeerbaum.

Georg Wilhelm Leibniz setzte wie viele andere im 17. Jahrhundert auf eine erfolgreiche Seidenproduktion, die allerdings nur selten gelang.

Unterhalt zu bereiten, denn sie wuchsen schnell (...) sie mußten Tag und Nacht gefüttert werden." Insgesamt sei es ein „äußerst beschwerliches und widerliches Geschäft, das uns Kindern manche böse Stunde verursachte". Bereits sieben Jahre später besaß Berlin 2000 Bäume, von deren Blattbestand jährlich knapp 115 Pfund Seide gewonnen wurden – viel, viel weniger, als erhofft und erwartet.

Vormals legte Bombyx Mori seine Eier im Geäst des Maulbeerbaums ab. Heute wird man ihn dort nicht mehr finden. Auf Hochleistung getrimmt und u. a. flugunfähig gemacht, wird er in gigantischen Vermehrungsanlagen millionenfach künstlich gezüchtet. Für ein Paar Seidenstrümpfe werden 350, für ein Kleid 1700 Kokons benötigt. Für ein einziges Seidenhemd müssen etwa 3000 Raupen zwei Maulbeerbäume entlauben. In der freien Natur hätte er keine Chance mehr. Ihr einziger vom Menschen bestimmter Lebenszweck ist es, Seide zu produzieren. Gerade darum sollen ihnen diese Zeilen gewidmet sein.

Während das Interesse von Leibniz in den Folgejahren nicht zuletzt aufgrund mangelnder Erfolge abebbte, erklärte der preußische König die Seidenproduktion zur Chefsache. Er schuf eine gesonderte Stelle für „das Departement aller Seidenwürmer im ganzen Lande", ließ auf Kirchhöfen, Plätzen und Schulhöfen Maulbeerbäume pflanzen und versuchte über kostenlos zur Verfügung gestelltes Pflanzgut, Bürger der unteren Stände für die Zucht zu gewinnen. Wie aufwendig die Seidengewinnung war, schildert Goethe in seinen „Lebensmärchen. Dichtung und Wahrheit": „In einem Mansardzimmer waren Tisch und Gestelle mit Brettern aufgeschlagen, um ihnen mehr Raum und

Das Geheimnis um die Seidenproduktion ist längst gelüftet, die alte Seidenstraße von Touristen statt Karawanen gefüllt, die neue, in Duisburg endende bereits „in Betrieb". Doch in Berlin findet man nach wie vor jede Menge Maulbeerbäume. Und in Hannover zumindest zwei im Berggarten. „Freunde der Herrenhäuser Gärten" pflanzten sie 2014 am dortigen Paradiesweg in Erinnerung an Leibniz Vision einer preußischen Seidenproduktion. Sie stehen genau dort, wo einst die Plantage war. Doch heute haben sie ihre Ruhe.

Tierheim-TV

Wer die Idee hatte, lässt sich nicht mehr genau feststellen. Vielleicht war es eine gedankliche Gemeinschaftsproduktion. Fest steht, dass der vormalige Geschäftsführer und jetzige Vorstandsvorsitzende des Tierschutzvereins Hannover im Jahr 2005 erstmalig erlebte, wie der 1,94 m große Wahlhannoveraner Heiko Engel im Cinemax Kinoplakate zugunsten des Tierschutzes versteigerte. Dessen Art, Menschen anzusprechen und für sein Anliegen zu gewinnen, beeindruckte Heiko Schwarzfeld. Hinzu kam eine Stimme, die es ohne Weiteres mit der von Susi aus der Vorabendschau „Herzblatt" der 80er-Jahre aufnehmen konnte.

Genau dieses Potenzial für die Vermittlung von Hunden, Katzen und weiteren Insassen des Tierheims in einem neuen Format zu nutzen, war die Idee, die im Austausch der engagierten Tierschützer entstand und zunehmend Gestalt annahm. Dies war wohl die Geburtsstunde des Tierheimfernsehens. Und mit ihr begann eine einzigartige Erfolgsgeschichte.

Silke Staade und Heiko Engel beim Knuddeln mit dem zu vermittelnden Hund.

Entspannte Stimmung kurz vor der Aufnahme: Das Moderatorenteam vom Tierheim TV.

Am 11. Mai 2010 wurde die erste Sendung ausgestrahlt. Seither wurde der Youtube-Kanal des Tierschutzvereins Hannover 6,4 Millionen Mal aufgerufen und von 17.200 Nutzern abonniert.

„Hallo liebe Freunde des Tierschutzvereins. Wir sind Heiko und Silke. Und wir haben uns überlegt, dass wir mal eine neue Art der Tiervermittlung probieren wollen. Nicht nur mit Fotos und Texten, sondern mit bewegten Bildern …" lauteten die ersten Worte des Moderatorenteams Heiko Engel und Silke Staade, letztere seit 1992 als Tierpflegerin im Tierheim Krähenwinkel im Einsatz. Der Mann hinter der Kamera ist Tobias Neumann, der Ruhepool des Trios und zuständig für Film und Schnitt und Technik. Den ersten Auftritt nahm er mit einer Billigkamera im Wert von 200 € auf. Aufeinandergestapelte Klopapierrollen ersetzten das fehlende Stativ. Das viel zu kurze Kabel zum Mikro

mussten Silke und Heiko ständig beiseiteschieben, weil es sonst vor der Linse hing. Mehrfach suchten die Katzen das Weite und mussten eingefangen werden. Das alles bekamen die Zuschauer nicht mit. Sie sahen nur drei gut gelaunte, hoch motivierte Seelenverwandte, die sich dem Tierschutz verschrieben haben.

Natürlich ist nach 13 Jahren und 1.300 Videos Tierheim-TV Routine eingekehrt. Den monatlichen Rhythmus hat das Trio genauso verinnerlicht wie den inhaltlichen Dreischritt: Rückblick – Neuvorstellung – Gewinnspiel. Alle drei wissen ohne viele Worte, was wann wie zu tun ist. Sie sind ein eingespieltes Team. Geändert und deutlich verbessert hat sich das technische Equipment. Klopapierrollen sind am Set schon lange nicht mehr im Einsatz. Die Bank, die unter Heiko zusammengebrochen ist, wurde durch eine neue ersetzt. Am wichtigsten aber ist, dass Heiko, Silke und Tobias dem Tierheim-TV treu geblieben und nach wie vor mit Spaß und Freude dabei sind. Besonders glückliche Momente sind natürlich die, in denen für einen ihrer Schützlinge das passende Zuhause gefunden wird. Sei es für den achtjährigen Sorgenhund Leo, einen Jack Russell, der die zwei Jahre vor seiner Vermittlung in der Krankenstation verbracht hat. Seine Adoptantin schreckten weder Alter noch Herzschwäche, Futtermittelallergie oder die notwendige Physiotherapie ab. Es war halt Liebe auf den ersten und zweiten Blick. Oder Ted, ein Hund der Rasse Owtscharka, der Fehlkauf einer Jungfamilie mit Kleinstkind in beengter Wohnung. Er war ein heulendes, verzweifeltes, deprimiertes Häufchen Elend, als er von Mitarbeiterinnen des Tierheims mit viel Kraft und großem Aufwand abgeholt wurde. Das „richtige" Zuhause hat er mittlerweile Dank des Tierheim-TVs, gefunden.

Am Tag meines Besuchs sind Nici, Lotte, Emily und Carlo die Glücklichen, die das Tierheim vielleicht bald verlassen können. Heiko und Silke präsentieren die vier völlig unterschiedlichen Hunde mit all ihren Stärken und Schwächen. Der jeweils zuständige Tierpfleger ist als Begleiter und Experte dabei. Beeindruckend, wie gut sie ihre Schützlinge nach manchmal nur kurzer Zeit kennen. Die Aufzeichnung nähert sich ihrem Ende. Das Gewinnspiel ist angesagt. Die Verlesung der Zuschriften aus Frankfurt a. M., Österreich, Heidelberg und Sachsen-Anhalt beweist, dass das Tierheim TV weit über Hannover hinaus bekannt ist. Und ihre Repräsentanten auch. Heiko wird selbst mit Sonnenbrille und Käppi auf dem Hundetreff an der Alten Bult erkannt. Und auf Silke rannte im Urlaub plötzlich eine junge Frau zu: „Du bist doch Silke vom Tierheim-TV. Ich wollte dir nur mal sagen, wie toll ihr das macht!" Das tun sie. Und der Vorstandsvorsitzende des Tierschutzvereins, Heiko Schwarzfeld, meint rückblickend: „Das Tierheim-TV war eine der besten Ideen, die wir je hatten."

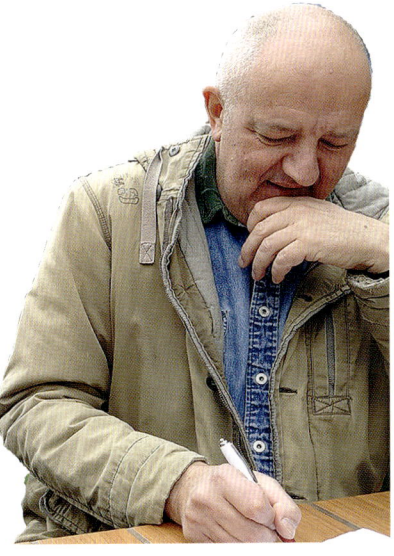

Kameramann und „Regisseur" Tobias Neumann und Moderator Heiko Engel bei der Vorbereitung einer Tierheim-TV-Sendung.

Eine Schwalbe macht noch keinen Sommer ...

Robbie Williams hat zwei auf dem Bauch, Johny Depp eine auf dem Arm. Damit liegen sie voll im Trend, denn Schwalben gehören zu den beliebtesten Tätowierungsmotiven. Das verwundert nicht, wenn man um die Bandbreite ihrer Symbolik weiß. Die Schwalbe steht für Glück, Freiheit, Loyalität, Treue, Hoffnung, Fruchtbarkeit und noch einiges mehr. Seefahrer ließen sie sich auf der Brust verewigen, um ihre auf den Ozeanen zurückgelegten Entfernungen zu dokumentieren. Eine Schwalbe stand für 5.000, zwei für knapp 10.000 – exakt: 9.260 – nautische Meilen. Einer Legende nach ließen sich

Matrosen eine tätowieren, bevor sie aufbrachen, und eine weitere nach Rückkehr. Kamen sie auf See ums Leben, sollte die erste Schwalbe ihre Seele in den Himmel bringen. Kehrten sie zurück, signalisierte die zweite, Fahrt und Herausforderung erfolgreich bewältigt zu haben.

Heutzutage danach befragt, was sie mit Schwalben verbinden, denken Einzelne vielleicht zuerst an die von manchen Fußballspielern perfektionierte, elegant dahingleitende Flugpraxis, um einen Freistoß zu ergattern. Haben Menschen den Vogel vor Augen, assoziieren sie wahrscheinlich zu-

Fünf junge Rauchschwaben warten auf Futter.

erst „Dreck". Unbestritten machen Schwalben den auch. Im Netz finden sich darum etliche Anfragen, wie denn so ein Schwalbennest zu entfernen sei. Die Antwort, so Uwe Vahldieck vom BUND Hannover, ist eindeutig: Gar nicht! Es ist verboten, seit der symbolträchtige Vogel mitsamt seinem Nest unter Naturschutz steht. Im Übrigen schafft ein einfaches Holzbrett, befestigt unter dem Nest, Abhilfe.

Schwalben sind eine Randgruppe, um die sich in Hannover in der Vergangenheit keiner so recht gekümmert habe, so der Schwalbenexperte. Darum übernahm er das nach seiner Pensionierung in der AG Gebäudebrüter des BUND – Region Hannover für den Bereich Hannover. Zugleich ist er ehrenamtlich als Berater für die untere Naturschutzbehörde der Region Hannover im Einsatz.

„Ich mag die Vögel", gesteht Uwe Vahldieck. Voller Bewunderung ist er angesichts der Strecke, die die 20 Gramm leichten Langstreckenzieher häufig ohne Zwischenstopp alljährlich zurücklegen. Bis zu 10.000 km sind es bis zu ihrem Winterdomizil Afrika südlich der Sahara. Die Strecke führt sie fast nur über Land, weshalb Seefahrer, wenn sie früher Schwalben über dem Meer sahen, wussten, dass die Küste nicht mehr weit ist.

Die Vogelart ist überall auf der Welt zu Hause – außer im arktischen Bereich. Von den zahlreichen Unterarten sind in Deutschland vor allem Mehl- und Rauchschwalben beheimatet. In Hannover sind über 60 Standorte lokaler

Mehlschwalben locken ihre Jungvögel aus dem Nest.

Schwalbenpopulationen erfasst. Standorttreue führt die Zugvögel nach ihrer langen Reise zurück in den „Heimat"ort. Hier steuern sie, erschöpft von der langen Reise, ihre alten und vertrauten Nester an Außenwänden, unter Dachtraufen, in Ställen und Schuppen, im Gebälk und auch in Garagen an. Aber oft können die Vögel ihre Nistplätze nicht mehr wiederfinden. Sie werden mutwillig oder gedankenlos, in jedem Fall jedoch illegal abgeschlagen oder durch Baumaßnahmen vernichtet. Über zweihundert allein durch Gebäudesanierung zerstörte Mehlschwalbennester an 23 Koloniestandorten hat Uwe Vahldieck in den letzten Jahren in und um Hannover durch künstliche Nisthilfen ersetzt. Nur damit konnte der Erhalt der Kolonien gesichert werden.

Müssen Mehl- und Rauchschwalben ihr Nest neu bauen, haben sie es schwer, Material zu finden. Schlammpfützen, in denen sie den Kitt für ihre Nester finden, gibt es

Mehlschwalbe nimmt Baumaterial auf.

ist ebenfalls vom Wetter abhängig. Bei extremer und länger andauernder Schlechtwetterlage gestaltet sie sich zeitweilig so langwierig und schwierig, dass die Mehl- und Rauchschwalben ihre Brut aufgeben. Erst die Männchen, dann die Weibchen.

Aber hier am Reiterstadion in Vahrenwald tobt unter den Dächern der Pferdeställe und den Dachvorsprüngen der umliegenden Gebäude das Familienleben. Es zwitschert und piept unter den Dächern der Ställe, dass es eine Freude ist. Wünschenswert wäre, dass es allen Schwalben so gut ginge. Doch die erschwerten Bedingungen des Nestbaus, Klimawandel und Insektenschwund und unser gedankenloser Umgang mit den Nestern haben die Bestände der bei uns beheimateten Mehl- und Rauchschwalben derart reduziert, dass sie seit mehreren Jahren auf der bundesweiten „Roten Liste" geführt werden. Ihre Bestände sind rückläufig. Hinzu kommt, dass die Lebenserwartung der Schwalben nicht hoch ist. Kaum eine Mehlschwalbe wird älter als drei Jahre.

kaum. Bei länger andauernden Trockenperioden verzichten die Schwalben ganz auf ein „Zuhause" und damit auf Nachwuchs.

Dazu kommt der dramatische Insektenschwund, der manche Schwalbe auf Nachwuchs verzichten lässt. Und ist die Brut erst mal da, ist sie noch lange nicht gesichert. Für die Aufzucht einer Brut sind insgesamt 6.000–8.000 Fütterungen, d. h. rund 150.000 Mücken, Fliegen, Blattläuse und Luftplankton, notwendig. Die gleiche Menge verspeisen die Eltern, um den eigenen Energiebedarf zu decken. Die Futtersuche

„Den Tieren zu helfen setzt voraus, sie zu verstehen", lautet ein Leitspruch von Uwe Vahldieck. Es hat den Anschein, als täten wir Menschen uns damit schwer: Wir berauben Schwalben ihres Wohnraums und ihrer Nahrungsgrundlage und wundern uns, dass sie uns nicht mehr „wie früher" zuhauf den Sommer ankündigen. Vielleicht sollten wir uns, um ihrem Rückzug entgegenzuwirken, weiterer Sprichworte erinnern: „Wo die Schwalbe nistet, wird das Glück hausen oder es kehrt zurück."

Großer Hunger am Kunstnest der Mehlschwalben.

Karola und das Sechs-Fleck-Widderchen

Wann haben Sie das letzte Mal einen Zitronenfalter gesehen? Einen Rosenkäfer? Eine Königslibelle? Oder eine Feldgrille? Solche Beobachtungen sind eine Seltenheit geworden, denn Insekten haben wir gründlich, nachhaltig und auf vielerlei Weisen vertrieben.

Wo sich in den 60er-Jahren Weide, Feld und Wiese in vielen kleinen Parzellen aneinander reihten, ringsherum und zwischendurch roter Mohn blühte und Insekten sich tummelten, treffen wir heute auf Hochleistung getrimmte, großflächige, mit Kunstdünger und Pestiziden aufbereitete Raps- und Maisfelder. Von einheimischen Insekten kaum noch eine Spur. Konservative Gartenbepflanzung und -bearbeitung tut ein Übriges, um Vertreter der vielfältigsten und größten Tiergruppe unseres Erdballs zu vernichten. Alles muss sauber und ordentlich und immergrün sein, und wenn gepflanzt wird, dann hochgezüchtete Ware aus dem Baumarkt oder in Asien hergestellte Blumenmischungen vom Discounter. Viele unserer Insekten sind jedoch monolektisch, d. h. auf eine Pflanzenart angewiesen, ohne die sie keine Überlebenschance haben. Einzelne sind derart spezialisiert, dass sie die gleiche Art aus Bayern als Wirtspflanze nicht annehmen. Fehlt nun eine dieser Pflanzen in unserer Kulturlandschaft, verabschieden

sich mit ihr die von ihr abhängigen Insekten. Und mit ihnen verschwinden Vögel, Amphibien und Kleinsäuger wie Igel, Siebenschläfer und Fledermäuse, die bei uns nicht genug Nahrung und keinen geeigneten Wohnraum finden. „Thujas haben den ökologischen Wert einer Plastikmatte", so Ulrich Schmersow vom Fachbereich Umwelt und Stadtgrün. Lorbeer und Rhodo-

Das Sechs-Fleck-Widderchen auf einer Blüte des Jakobskreuzkrautes.

Ein Paradies für Insekten, Igel, viele andere Tiere – und natürlich auch Menschen.

Senseneinsatz am Kronsberg: Rettungsaktion zum Erhalt des Sechs-Fleck-Widderchens.

dendron seien nicht viel besser. Getoppt wird das Ganze von Schottergärten, wie sie in vielen Neubaugebieten en vogue sind: Gärten des Grauens.

Karola Herrmann, 1. Vorsitzende des NABU Hannover und Naturschutzbeauftragte der Region Hannover, macht mit „ihrer" Wiese am Kronsberg vor, wie es anders gehen kann. Zweimal im Jahr ist gemeinschaftliches Sensenschwingen angesagt. Nein, das ist keine neue asiatische Sportart oder meditative Entspannungstechnik, sondern schlichtes Grasschneiden. Die „kleinflächige, pseudozufällige Mosaikmahd" hinterlässt im Gegensatz zum Rasenmäher eine ungleichmäßige Grünfläche mit unterschiedlich hohen Strukturen. Blumen wie der gelb blühende Hornklee bleiben stehen. Das sieht unordentlich aus? Soll es auch. Wozu das gut ist? Nun, u. a. gibt er dem zauberhaften Sechs-Fleck-Widderchen, einem Schmetterling, die Chance zum Leben, die er bzw. seine Raupe bei einer durchgehend kurz gemähten Wiese nicht hätten.

Zum mittlerweile 17. Mal mobilisiert Karola Herrmann naturverbundene Menschen zu diesen Senseneinsätzen auf der Wiese. Zum ersten Termin kamen vier, mittlerweile sind es durchschnittlich über zwanzig Helfer.

Das Sechs-Fleck-Widderchen freut sich. Und mit ihm Karola Herrmann. „Tiere und Pflanzen haben den gleichen Anspruch auf Lebens- und Wohnraum wie wir", erklärt sie. Der Platz auf der Erde steht nicht uns allein zu, auch wenn dies noch viele Menschen zu glauben scheinen.

2014, als Karola Hermann den Betreuungsvertrag für die Wiese mit der Stadt Hannover vereinbarte, ging ihr durch den Kopf, wie gern sie alle städtischen und privaten Flächen in der Landeshauptstadt naturnah gestalten und pflegen würde. Allein war das nicht zu stemmen. Trotzdem legte sie los. In Naturschutzvereinen und -organisationen akquirierte sie Gleichgesinnte, die ihre Initiative zum Schutz der Insekten unterstützten. Eine Kerngruppe fand sich zusammen, deren Teilnehmende Kenntnisse, Erfahrungen und Ideen austauschten und bündelten. Konkrete Maßnahmen zum Schutz, Erhalt und zur Wiederkehr der Insekten wurden geplant, die weitere Vorgehensweise besprochen. Bei Ulrich Schmersow und Stefan Rüter aus dem Fachbereich Umwelt und Stadtgrün der Stadt Hannover stieß Karola Herrmann auf offene und interessierte Ohren. Weitere Mitstreiter wurden gesucht und gefunden. Viel Überzeugungsarbeit war nötig, bis am 17. Dezember 2020 der Rat der Landeshauptstadt Hannover einstimmig beschloss, dem Insektenbündnis Hannover beizutreten. Dieses sei in der Form deutschlandweit einzigartig, so Ulrich Schmersow, Koordinator des Bündnisses.

Mittlerweile zählt es dreißig Mitglieder, darunter in Hannover ansässige Umwelt- und Naturschutzorganisationen, der Kreisimkerverein, der Bezirksverband der Kleingärtner, das Landvolk, die Landwirtschaftskammer, das Institut für Umweltplanung der Leibniz-Universität u. v. a. Gemeinsam verfassten sie eine Deklaration mit einer Vielzahl von Maßnahmen zum Schutz der Insekten. So viel Wirbel um Insekten? Ja! Denn sie sind ungeheuer wichtig für uns und unser Ökosystem. Sie bekämpfen Schädlinge, so wie z. B. Marienkäfer die Blattläuse, sind Nahrungsgrundlage für Fische, Vögel und Amphibien und sie bestäuben die für unsere Ernährung wichtigen Pflanzen.

Verlorene Tiere zurückzuholen bzw. ihre Bestände zu sichern, kann jedoch nur gelingen, wenn wir unser Bild von der Natur mitsamt unseren Gewohnheiten überdenken und ändern. „Schön" sind aus Sicht der Tiere und Pflanzen eben nicht die von uns angestrebte Ordnung und Gleichmäßigkeit wie der akkurat gemähte Golf-Rollrasen, die mit Lineal gezogene Heckenkante und die mit einem Saugbläser von jeglichem Laubrest befreiten Beete. Vielmehr gilt es zugunsten unserer Umwelt ein wenig Wildheit und Unordnung zuzulassen und Insekten, Vögeln, Igeln u. a. Tieren abwechslungsreich gestaltete Gärten mit möglichst vielen Lebensraumelementen wie Trockensteinmauern, Tümpeln und Nischen sowie einheimischen Blumen und Sträuchern zu bieten.

Wer weiß, vielleicht kommt das Sechs-Fleck-Widderchen dann ja irgendwann auch zu uns?

„Es wird Zeit", so Karola Herrmann, „dass wir nicht mehr nur danach schauen, was wir aus der Natur ‚herausholen' und ihr entnehmen, sondern wie wir sie für uns und unsere Nachfahren bewahren können."

Weitere Bücher über Ihre Stadt

Unsere Glücksmomente –
Geschichten aus Hannover
Heike Wolpert
80 Seiten
ISBN 978-3-8313-3329-5

Freizeitführer
Rund um Celle, Hameln, Hannover, Hildesheim, Nienburg,
Peine, Stadthagen – Städte und Landkreise
192 Seiten, zahlr. Farbfotos
ISBN 978-3-8313-2293-0

Dunkle Geschichten aus Hannover
SCHÖN & SCHAURIG
Heike Wolpert
80 Seiten, zahlr. S/w-Fotos
ISBN 978-3-8313-3271-7

Braunschweig – Einfach Geschichte
Michael Osche
128 Seiten, zahlr. Farbfotos
ISBN 978-3-8313-3258-8

Wartberg-Verlag GmbH   Bücher für Deutschlands Städte und Regionen
Im Wiesental 1 | 34281 Gudensberg   Tel. 0 56 03-93 05 0
www.wartberg-verlag.de   Fax 0 56 03-93 05 28